香港 黄奇松 编著

名钻鉴赏与收藏

上海科学技术出版社

图书在版编目（CIP）数据

名钻鉴赏与收藏／黄奇松编著 .—上海：上海科学
技术出版社，2013.3
ISBN 978-7-5478-1411-6
Ⅰ.①名… Ⅱ.①黄… Ⅲ.①钻石－鉴赏－世界－
手册 Ⅳ.① TS933.21-62
中国版本图书馆 CIP 数据核字 (2012) 第 173134 号

责任编辑 何丽川
装帧设计 房惠平

上海世纪出版股份有限公司
上 海 科 学 技 术 出 版 社　出版发行
（上海钦州南路 71 号 邮政编码 200235）
浙江新华印刷技术有限公司印刷 新华书店上海发行所经销
开本 889×1194 1/32 印张 5.5 字数 150 千 插页 4
2013 年 3 月第 1 版 2013 年 3 月第 1 次印刷
ISBN 978-7-5478-1411-6/TS · 94
定价：48.00 元

自序

笔者黄奇松，原籍福建泉州。1965 年起开始在香港从事贵金属首饰的铸造和表面加工，尤其是对天然兰花、小昆虫动物进行表面金属化的镀金再出口的工业。在这同时，并为本港出版社编写"表面处理"方面的工艺书，远销台湾和东南亚。

从 20 世纪 80 年代起，笔者开始在东南亚，尤其在中南半岛的泰国，从事宝石的开发和鉴定工作。在这期间，由于工作的需求，曾自海外采购许多钻石的书籍和杂志来作参考的用途，在数十年中曾收集到大量有关钻石的照片，收集工作是长期积累的。因此在退休后的今天，我在写作的过程中，有丰富的照片来作验证。于是得到出版社和读者的认同，这一优势，令自己的作品较为畅销，这是值得自慰的。

这本书在排印过程中，蒙出版社大力协助，使本书更呈完善，在此致谢！

黄奇松

目录

第一章

人类使用钻石的历史

宝石级的金刚石，称作钻石，它是碳的结晶体，又是"宝石之王"。

一 印度——钻石最早发现地

最早发现钻石的地区，应是古印度，它曾经出产许多著名的巨钻，又出现了许多有关钻石的传说和趣闻。

古代印度半岛许多地区，尤其是戈尔孔达（Golconda）一带的河谷，在公元前 4 世纪前后已有人淘出钻石，由商人带到巴比伦、埃及、叙利亚和波斯湾一带去出卖。公元前 322 年，印度第一个王朝孔雀王朝的国事奏章中，已有题为"应上缴国库的宝物的详考"的内容，列出了钻石最重要的特性，其中包括晶体结构、亮度和大小。到那个时候为止，印度已经具有 500 年出产钻石的历史了。

直到中世纪，欧洲各王室的钻石来源还是大部分依赖于印度的供应。

西方世界对钻石最早的描述起于《圣经》，而印度人在公元前已在戈尔孔达地区的戈达瓦里河（Godāvāri）沿岸淘取钻石，后来又在吉斯德纳河（Kistna）一带发现了帕投（Partel）钻石矿。

15 世纪时出版之《Book of Marvels》一书是马可·波罗的历险游记。书中此图描述印度人于 5 世纪时正在山区淘钻的情景，采到的钻石将出口到罗马去

　　印度是世界上最早懂得利用钻石和切割琢磨钻石的国家。印度教徒重视钻石，相信湿婆（Siva）和奎师那（Krishna）等神明，他们把这种无限神秘的石头，切割成会闪光的钻石，并安装在庙宇中湿婆的眼中，用来崇拜。而奎师那则住在布满钻石、红宝石和蓝宝石的神殿中，接受信徒的奉献，赐他们以天国的永生。

　　古印度的钻石以"光明之山"（Koh-i-Noor）的历史最为悠久。这粒已切割琢磨好的椭圆形钻石，在 1304 年已由印度土邦主（酋

波斯王曾将这粒"光明之山"钻石（中间一粒）作为臂饰

印度莫卧儿帝国第五代皇帝沙贾汗坐在他首创的孔雀宝座中，正在欣赏其王室的珠宝

长或藩王之类）马尔瓦（Malwa）的拉杰卜斯（Rajabs）所拥有，当时它是 188 克拉重。

　　古印度那些巨钻的主人，多是莫卧儿帝国的皇帝和各地区的土邦主。巨钻是当时统治者的权威和阶级标志，以及国力的炫耀品。每当政治动荡的时刻，更是逃亡路上随身携带的财物。

二 欧美——钻石的流行地

欧洲在 13 世纪之前，只有王室和贵族才被允许佩戴钻石首饰。一名法国平民女性阿涅丝·索雷尔（Agnes Sorel，1422 ～ 1450 年），是第一位打破禁令而被官方允许佩戴钻石的女性，因为她是法国国王查尔斯七世最迷恋的情妇，国王亲自送给她一颗钻石给她佩戴。自此开始，钻石才开始平民化，也不再是特权阶级的象征。

15 世纪时，法国勃艮第（Burgundy）的公爵，绰号是"大胆的查理"（Charles the Bold），在当时已拥有许多不同颜色和不同切割形态的钻石。当他的女儿玛丽和奥地利的大公爵订婚时，他送出一只钻石戒指作嫁妆，自此历史性地开始了这一爱情祝福的浪漫形式，钻石开始作为订婚礼物。

1477 年，查理公爵在一次战役中不幸阵亡，一个无知的士兵偷去他身上的一堆钻石。当时，一般人都认为钻石是石锤不碎、刀枪不入的神魔宝石，除非先以公羊血浸之。而一些钻石骗子也借此理念来欺骗无知的矿工，骗去矿工淘到的钻石。这个士兵用锤把钻石击碎了，以为是彩色玻璃，因此最终将其余的钻石以数便士卖给他人。

阿涅丝·索雷尔小姐美如天仙，她打破平民不许佩戴钻石的先例

大胆的查理公爵

法国王后卡特琳，她全身珠光宝气，尤其是冠上那粒桑西名钻最为绝色

17 至 18 世纪时阿姆斯特丹是世界最主要的切割、琢磨钻石的基地，这里加工的钻石质地最佳

法国国王弗兰西斯一世（Francis I）爱好钻石。他的王后卡特琳更酷爱钻石首饰。她善于利用钻石粉末混合在食物或饮品中，引诱敌人食用，尤其是引诱情敌食用，杀人于不知不觉中。这是 16 至 17 世纪王室中最盛行的杀人伎俩。

17 世纪时，意大利著名珠宝设计师本韦努托·切利尼（Benvenuto Cellini），在其回忆录中曾记载他险受钻石粉毒死的经过。事因他和保罗三世的儿子法尔内塞（Farnese）有许多过节，甚至有仇恨。这位王子意欲将他置于死地，拿了数粒钻石命下属磨成粉，把这些细粉置于食物上，特意请来设计师欢宴，结果未能如愿。因为王子下属偷龙转凤，把钻石私下据为己有，再以玻璃粉交给王子去使用。设计师逃过劫难，王子还以为毒药分量不足呢！

　　法国太阳王路易十四，统治法兰西最辉煌的时期，正值盛年四十，被称是"太阳王"。他先后向钻石商巴蒂斯特·塔韦尼耶（Baptiste Tavernier）购进44粒大型钻石、100粒中型钻石作私人

法国国王路易十四和他拥有的钻石和宝石，尽显其身份

装饰和佩戴之用，再以法国的公款买下 109 粒 12 克拉以上的饰钻和 273 粒 5 克拉至 10 克拉的饰钻。除此以外，更买下数千粒小于 2 克拉的钻石来作赠送和奖励之用。

太阳王路易十四浑身上下佩戴着无数钻石，就连他的靴扣上都镶着钻石。他的一件外套上缀着密密麻麻的钻石，配着 123 枚钻石扣子，扣眼周围的镶边还是钻石。在那外套里面搭配的是缀着各色珠宝的马甲，一项普通的天鹅绒帽子上都缀有 7 粒钻石。

在路易十四统治时期，钻石在法国的流行程度达到最高峰。

路易十五向来情妇多多，但最心爱者是迪巴里夫人（Du Barry）。他集中宫内最佳的钻石共计 2 880 克拉向巴黎珠宝商定做一条项链，准备送给这位情妇。但未待项链完成，国王就去世了。

法国国王路易十六的王后玛丽·安托瓦尼特（Marie Antoinette），出身非同寻常，其母亲是哈布斯堡王朝的著名女皇，也是罗马帝国和波希米亚皇帝。这位王后对钻石十分喜爱，生活奢侈。在法国百姓缺面包吃的时候，她的反应是"没有面包吃为什么不吃蛋糕？"

玛丽·安托瓦尼特十分酷爱路易十五准备送给情妇的那条钻石项链。但她的一位密友，名叫让娜（Jeanne），有预谋地骗去此

63 岁时的路易十五，他有无数的情妇　　法国国王路易十五最欢喜的情妇迪巴里夫人，法国大革命时死于断头台

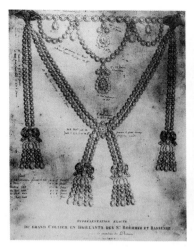

史载路易十五要送给其情妇迪巴里夫人的钻石项链，钻石总重是 2 880 克拉

路易十六的王后玛丽·安托瓦尼特于 1793 年 10 月 16 日被推上断头台时的情景

项链，私下带去英国出卖。这事并非玛丽·安托瓦尼特的主意，但她被怀疑是同党。她同她的国王丈夫，后来都在断头台上丧命。

英国的钻石史上，亨利八世可说是一位著名的钻石收藏家。他的女儿伊丽莎白一世，为了拥有更多的珠宝，不惜以军事出兵和借钱等手段来作交易。例如她答应葡萄牙的安东尼奥（Dom Antonio）向西班牙的腓力二世（Philip Ⅱ）夺回王位，条件是要以葡萄牙的王室钻石为交换条件。除此之外，她把金钱借给法国国王亨利四世，条件之一是要拥有部分法国王室的珠宝。后来双方出现纠纷，女王索性将钻石占为己有。

后来的英国国王查理一世（Charles Ⅰ），曾将英王室的钻石作了抵押，金钱用来作军费用途，以对付国会中的反对派。虽然他保住了王位，但英国国内经济转差。

1727 年起，租借钻石风气盛行，比如桑西（Sancy）拥有一粒重 45 克拉的黄色饰钻，法国国王亨利四世（Henry Ⅳ）曾向这粒巨钻的主人借下此钻用来贷款筹备军力，而对桑西的回报是给予高官厚禄。英国乔治二世的王后卡罗琳（Caroline），虚荣心惊人，她租下时值 10 万英镑的钻石来打扮自己。

1838 年起，英国女王维多利亚加冕登基时，由于经济崛起，王室中已有 2 500 颗钻石。在 1850 年，又得到印度的"光明之山"历史巨钻，钻石开始风靡全欧洲。1907 年，英国国王爱德华七世获得南非送来的巨钻"库里南"（Cullinan），轰动全世界。

1947 年，英国女王伊丽莎白二世结婚前夕，收到加拿大威廉森（Williamson）博士送来的一粒粉红色美钻，它是一粒罕有的彩钻，十分名贵。

英国维多利亚女王登基典礼时的画像，她的权杖和王冠上的珠宝熠熠生辉

这位俄国女沙皇名叫伊丽莎白，于 1741 至 1761 年统治俄国。此图制于 1761 年

已步入中年的女沙皇叶卡捷琳娜二世，她除了钻石多，年轻的情夫亦多

18 世纪起，英法殖民地的总督和高级的外交官亦开始偏爱钻石，以托马斯·皮特（Thomas Pitt）和乔治·皮戈特（George Pigot）等为代表人物。19 世纪起银行家和富商都加入收藏钻石的行列，尤其是收藏著名的高品质的钻石。

俄罗斯罗曼诺夫王朝的沙皇们受英、法王室的影响，对钻石也是情有独钟，并视它为权力的象征，自 16 世纪起开始大量收购、搜集钻石。例如在 1724 年，彼得大帝为他的皇后、后来的叶卡捷琳娜一世添加后冠时，其冠上镶有 2 500 粒钻石。

彼得大帝的幼女伊丽莎白登基时只有 32 岁，她容貌秀丽，体态丰腴，私生活上寻欢纵欲，荒淫无度，情夫如过江之鲫，一个又一个，但她在治国上颇有建树。据说女沙皇华贵的服装共有 15 000 套，她的这些服装从来不穿第二次。她的钻石首饰亦不亚于法国王室，大多是帝国扩展疆域时强抢而来的。

女沙皇叶卡捷琳娜二世（后来的叶卡捷琳娜大帝）在加冕时，皇冠上镶有 4 930 粒钻石，总重量是 2 858 克拉。还有她那权杖，

女沙皇叶卡捷琳娜大帝早年拥有的大小王冠、王室宝球和权杖，全由无数大小钻石组成

镶有一粒重达 189.62 克拉的印度钻石。在她统治的 30 多年中，她收藏的钻石和其他宝物，其数量都以万计。

叶卡捷琳娜二世的情夫奥尔洛夫（Orlov），出生入死为她打天下，造就帝业，无奈女沙皇登上皇位后，情夫多多，已步入中年的奥尔洛夫只得避走国外，在荷兰以巨款买下一粒巨钻，送给女皇企图挽回芳心。但女皇并不佩戴在身，只将它镶在权杖上，令奥尔洛夫伤心欲绝。

19 世纪中，美国经济突然起飞，出现许多富商和工业家，加上南非供应源源不断的钻石，在美国和欧洲开始出现许多国际性的钻石珠宝商，例如卡地亚（Cartier）、蒂凡尼（Tiffany）、哈利·温斯顿（Harry Winston）、克拉夫（Craff）、尚美（Chaumer）、宝格丽（Bulgari）和御木本珠宝（Mikimoto）等。

20 世纪中，美国好莱坞电影控制世界市场，许多大明星都以钻石为装饰。珠宝展和拍卖会年年举行，以钻石戒指来作定情或结婚礼物已成惯例。而亚洲多国因为出口业带动经济起飞，在日本、泰国、印度和中国（包括香港、台湾地区），钻石加工业突飞猛进，而且今后的前途无可限量。

　　自古以来，有关钻石具有神奇魔力的传说就很多，例如：钻石具有抵抗毒物的能力；它对着魔的人和癫狂的人有帮助；可抵抗鬼怪恶魔的侵袭；使人免受梦魇的干扰；作战时可使人驱除恐惧而变得勇敢；可抵御雷电、暴风雨袭击；可令周围的磁石丧失吸铁的功能；若将其含于口中，牙齿会脱落，等等。传闻时常佩戴钻石的人可避免各种厄运，包括蛇咬、火灾、中毒、病患、水灾等。

　　古印度人还认为，佩戴钻石会给予人勇气、力量、权力、幸运、财富、爱情、快乐和青春，而且作为礼物送来的钻石比本人自己买来的钻石更具魔力。

　　10世纪时圣人希尔德高（Hildegard）深信，持钻石于手中画一个"十"字，钻石便会治好人的病。历史上一些名人曾为治病吸食钻石粉，最终致死。如教皇克雷芒七世（Clement Ⅶ）等。

　　现代的年轻女性，不论已婚或未婚，钻石的巨大魔力始终扣动着她们的心弦，因为钻石代表梦想、浪漫、身份、财富、成功、永恒、忠心和安全感，它永远是女性甚至男性追求的最高目标。今天的女性，除了时装、化妆品、旅行之外，对她具有最大的魔力的就是钻石和宝石首饰。

美国著名女明星玛丽莲·梦露佩戴着一粒黄色彩钻，并唱出一首歌《钻石是女人最佳的朋友》，使观众如醉如痴

第二章

世界钻石产出国

 一 印度

印度曾是古代的钻石原产国，古印度的钻石全部产于冲积矿。也就是说，那些钻石随着岩筒的上升离开了上层地幔，数百万年以后，它们被水冲入河流，最终被人们发现。

印度是世界钻石工业的摇篮，在公元前 10 世纪时，印度人就已发现并懂得使用钻石。当今世界上最著名又具传奇性的钻石，例如光明之山钻、大莫卧儿钻、希望蓝钻和尼扎姆（Nizam）钻等，都产自印度。

15 ～ 19 世纪期间，印度大约有 30 多个矿区处于开工的状态，其中最大的矿区位于海得拉巴（Hyderābād）地区的吉斯德纳河（Kistna）流域。被今人称作"钻石之父"的最早跨越洲际经营珠宝的商人和冒险家、法国人巴蒂斯特·塔韦尼耶（Baptiste Tavernier），在其著作《印度之旅》中记载，曾有 60 000 名男女老少在该地进行着淘钻的工作。辛苦的活儿由男性承担，妇女和小孩负责运输泥石到溪流处去冲水除污和筛选钻石，无论男女老少，都要在监工的鞭打下辛苦地工作，工具也十分简陋。

1730 年前，世界上产出的钻石都来自印度半岛，但在 1730 年以后，巴西也发现了钻石，印度不再垄断市场。

印度古代钻石矿。篮子用来运矿石，桶用来排水，工人们正在挖矿石。右侧是矿井出入口，有警卫带兵器把守着

当年印度开采钻石的全盛时期，当地人几乎全是在冲积矿中作业。当年钻石的贸易中心，位于戈尔孔达城堡。如今，这座城堡已是残墙败瓦，荒无人烟。

自 20 世纪起，印度在钻石领域的势力逐渐衰弱，代之而起的是印度对下级钻石的抛光大军突起，并且具有扭转乾坤的壮举。这股力量是决不可轻视的。

二　巴西

到了18世纪中期，巴西超过了印度，一跃成为世界上最大的钻石出产国，产于巴西的钻石同样来自冲积矿。

1720年间，巴西的古老金矿床中发现了闪闪发亮的鹅卵石。当时人们不知它为何物，金矿工人玩牌时将它作为筹码，直至某位曾在钻石矿场工作的职员见到，才知它是钻石。消息传开，大批人群涌向发现钻石的地方搜索。

1730年起在巴西的11条河床中都发现了钻石。1750年，葡萄牙人在巴西东部发现了原生矿。高产量的钻石生产维持到1870年，导致钻石价格下泻。欧洲及印度的钻石商于是放出流言，说巴西货质量差、太硬，很难切割得好，又说巴西钻石只是印度出产的下等钻石运到巴西出售而已。聪明的巴西人想出了一个对策，就是将巴西出产的钻石运到印度，当作印度钻石来卖。但巴西的钻石供应，仅维持到19世纪末期。正当巴西钻石供应将罄之际，大量的钻石在非洲发现。

1884年人们在巴西河床中采淘钻石和宝石的情况。图中后侧是三名监工在指挥工作

巴西钻石大都产在河流中，其整体的质量要优于从矿坑中开采出来的。阿贝特河曾经孕育出一颗重827克拉的巨钻，它那泥泞的河床中也曾经分别浮现出275克拉和120克拉的两粒粉钻。1938年在布里托的圣安东尼奥河，淘出了巴西最著名的瓦尔加斯总统钻（President Vargas，726.60克拉）。此河还分别产出重达602克拉、460克拉、400克拉和375克拉的各级原石。在过去的250年，无数令人惊奇的珍品，例如南方之星、帕拉贡（Paragon）、葡萄牙人之钻（Portuguese）和英国德累斯顿钻（English Dresden）等，都是来自巴西的河床中。

 三 南非

1836年，大批原居非洲南部好望角的荷兰籍农场主，不堪忍受英国殖民者的苛政，抛下丰饶的葡萄园，挥别好望角的青山翠谷，北上步入了荒蛮的非洲内陆，最后到达奥兰治河（Orange）和瓦尔河（Vaal）的交汇处，于是就在这个地区安营扎寨。他们赶走了原住民，并在此开犁耕种。虽然钻石原坯就混合在土壤中，仿佛是砂砾中混着糖粒，但他们竟然对眼皮底下的异宝一无所知。

随着10.37克拉的尤里卡钻（Eureka）和83.50克拉的"南非之星"的发现，淘钻热的狂潮瞬间便席卷了整个西方世界，人们坐船到达开普敦后，要再花数月的时间穿越崎岖的山地和森林才可到达奥兰治河和瓦尔河的交汇处。鱼群般的人流，仍是川流不息。

在南非，发现旱地钻石的储备产量大得惊人。南非的崛起完全颠覆了历史上钻石产量的传统概念。印度用了2 000年产出了总重量2 000万克拉的各色钻石，巴西在200年里就完成了这一产量，而南非只用了区区15年就达到了这一产量。

南非最早发现钻石的地区是冲积层地区，即在河床的沿岸和溪流拐弯处。其中以利赫滕堡（Lichtenburg）和纳马奈兰（Namaqualand）等区最负盛名。

1873 年金伯利大洞矿已挖深，开采使用半机械式的开采方法

　　1867 年和 1868 年，南非在奥兰治河和瓦尔河一带产出钻石原坯约是 200 克拉，但在 1869 年和 1870 年，则分别产出 16 500 克拉和 102 500 克拉的钻石原坯，又于 1871 年和 1872 年，产出 269 000 克拉和 1 080 000 克拉的钻石原坯！可见其产量增长惊人。

　　南非于 1869 年开始发现金伯利钻石筒状矿，例如 1869 年 9 月发现伯尔特方丹（Bultfontein）矿，1869 年 10 月发现了杜陶艾斯盘（Dutoitspan）矿，1870 年 6 月发现亚赫斯方丹（Jagersfontein）矿和咖啡方丹（Koffiefontein）矿，1871 年 5 月又发现戴比尔斯（De beers）矿，同年 6 月又发现了金伯利矿（又名大洞矿，Big Hole），1902 年更发现了产量极丰富的普雷米尔矿（Premier）。

　　今天在南非最著名的是普雷米尔钻石管状矿，享誉世界。一百多年来，该矿产量稳定，产出原石色调闪亮，体积大又内含物少。自开采至今，已产出重 100 克拉以上的原石有 500 粒以上。在世界上的各原生管状矿中，产出重 400 克拉以上的原石的，普雷米尔矿就占有四分之一。

　　今天，在南非的行政首都比勒陀利亚（Pretoria）郊区的普雷米尔矿、金伯利城的大洞矿和约翰内斯堡郊区的黄金矿，三者都

1925 年在南非利赫滕堡地区发现丰富的钻石冲积矿，政府决定给予国民开采权。次年 8 月 20 日，一万多名淘钻的青壮年跑步至 200 米以外的矿区去打桩，获取开矿的地盘

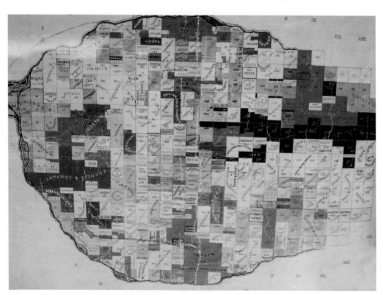

此图是 1876 年时南非金伯利大洞矿各具有开采权的小区分布图

今已是旅游点的金伯利大洞矿原址。此矿于 1914 年已采竭，它是世上最大的人造洞穴，深度达 1 073 米，水深为 270 米

南非的西北角分布着一片名为纳马奈兰的沙漠。大西洋的海水日复一日地冲刷着当地的海岸线，沙滩上经常雾气蒙蒙。南非钻石海岸始于纳马奈兰，它一路延伸到纳米比亚。1 500 万年前，钻石被湍急的河流冲刷到海边

是南非旅游局响当当的名牌，是游客必到的观光点。笔者于 1995 年曾到这三地观赏黄金和钻石的开采过程，收获不菲。

四　博茨瓦纳

　　博茨瓦纳大部分地方是沙漠和高原，气候干燥寒冷，夏天常刮热风，将沙漠的沙吹起，使景象一片模糊，是古时游牧民族的居地。1965 年在干了的河床中发现钻石后，立刻给此地带来生气。为了采矿，发电站、水库、住所、学校、医院、商店和教堂在大沙漠之中建立起来。

　　博茨瓦纳的钻石业，被戴士瓦纳（Debswana）公司操纵。它的股份分别由政府及戴比尔斯集团各占一半，现拥有三处举足轻重的金伯利管状矿：澳娃琶（Oranpa）矿、尼芙合琼（Lethlhakane）

博茨瓦纳的允兰矿露天部分

矿和允兰（Jwaneg）矿。允兰矿是世界上最大的钻石矿之一，也是三矿之中最富有的，占世界钻石产量的四分之一；尼芙合琼矿的钻石品质最高；澳娃矿的品质较差。它们丰盈的产量是戴比尔斯集团手中的绝对王牌，产出的钻石原坯近年约有 2 600 万克拉／年。

五 纳米比亚

传言 20 世纪初，一名南非渔民在纳米比亚海岸旁停泊了一条木头渔船，曾用水泵抽起了含有钻石的矿砂。又有传言 1908 年，在纳米比亚西南沿海小城吕德里茨（Lüderitz），一名来自南非的铁路工人发现了许多有趣的石头，它们被确定是顶级的钻石。

纳米比亚海岸的天气万分恶劣，风暴频繁。只在海风平息的日子中，船队才可出发，船的后头拖着长长的虹吸管，潜水员在海床中把钢制管口插入海沙中。这份工作万分辛苦又危险。

纳米比亚的钻石海岸，全长约 1 600 千米，其储藏量以万吨计，宝石级钻石占 95% 以上。

1908 年至 1940 年间，纳米比亚海岸线人工淘钻的情况，工人要列队在沙滩中爬行，仔细寻找钻石

六 澳大利亚

1851 年起在澳大利亚已开始有淘钻活动。1970 年后，在澳大利亚西部又发现了钻石的原生矿，在那数量可观的岩体中含有一

澳大利亚埃伦代尔钻石原生矿，每年其产量惊人

澳大利亚西部埃伦代尔钻石矿露天部分开采设备的布置情况

定数量色泽极为鲜艳的粉红色、玫瑰色和少量蓝色的钻石原生矿石，它们十分罕有且价格昂贵。

1976年起，澳大利亚西部的埃伦代尔（Ellendale）又发现钻石矿，之后又在斯莫克里克（Smoke Creek）和莱姆斯通湾（Limestone Creek）等地发现冲积型钻石矿。1979年在阿盖尔（Argyle）发现了原生矿，其质地上乘又色彩鲜艳。

◈ 七 加拿大

1990年在加拿大西北部靠近北极圈的地区，在Point湖的上面发现了金伯利管状钻石矿，这是世界钻石史上一个极大的重要突破。

当时一位著名的采矿者开着飞机飞越勘探区。他注意到一块以前从未发现的地表特征，那是一汪圆形的湖泊，其形状使他联想到火山筒的顶部，于是脑筋开了窍，说不定这是火山筒？它隐藏在湖水的下面？

加拿大西北部 Point 湖的下面就是钻石管状矿。其直径在 600 米左右

于是他降落直升机，在湖边发现了一颗手指头大小的铬透辉石，这是钻石的指示剂。这一发现令他喜出望外。自此他找到了火山筒密集的地区。今天加拿大已名列世界上最大产钻国之一。加拿大钻石并不受戴比尔斯集团操控。

八 俄罗斯

在 16 ~ 17 世纪，根据记载在俄国的第聂伯河下就已发现了钻石。

1829 年 7 月，一个农奴的儿子在乌拉尔山一带淘金沙时曾拾到一粒重 0.5 克拉的钻石坯，之后该区域中的河床下又找到了许多钻石晶体。1948 年在西伯利亚发现了第一颗钻石，1954 年在该地区发现数百的钻石原生矿。产量最大的多在西伯利亚的 Yaqutia Craton 和 Kalahari Craton 等地区，其中产量最富饶的是平安（Mir）管状矿、光荣矿床（Aikhai）、Internationalnaya 管状矿、Udachnaya 管状矿和 Jubieynaya 管状矿。它们都位于严寒的西伯利亚，那里

西伯利亚平安钻石原生矿之露天开采部分

冬天的气温可以降至 −70 ℃，这样恶劣的天气，足以使轮胎和玻璃粉碎，机器油全部结冰。而夏天，融化了的冰将此处变成充满蚊蝇的沼泽地。虽然工作环境如此恶劣，俄罗斯的未经琢磨的钻石产量，在这两年仍排在世界第二位。

俄罗斯的钻石出产是全年性的，所以产量稳定。国有钻石生产公司阿露莎公司（Alrosa），差不多垄断了整个俄罗斯的钻石市场，它与戴比尔斯集团合作，开采的钻石也是经戴比尔斯集团的市场推出。

但俄罗斯出产的钻石属中等品质。

九 中国

中国的钻石矿业并不发达，主要的原生钻石矿床为山东的701 矿。

701 矿位于山东蒙阴县以西的常马庄，1970 年投入生产，开采的是红旗 1 号岩脉。1980 年，因出产的钻石品质不高而停产。

位于上海浦东的上海钻石交易所，于 2000 年 10 月成立，设有"一站式"服务

1998 年，山东 701 矿与加拿大环业矿业公司合作，将采矿的基建做得更完善。

2003 年，股东萨姆·阿尔博尼（Sam Halbouni）和菲利普·卡西斯（Philip Cassis）将公司名字改为中国钻石公司，产钻产量开始上升，而且钻石的品质也比以前提高。常马庄挖出的最大颗宝石级钻石重 33.3 克拉。这个矿床仍然处于发展阶段，产品以内销为主。

邻近 701 矿的是 702 矿和 703 矿，皆由中国钻石公司占有六成股权。

　　除了山东，辽宁瓦房店头道沟矿区也有钻石原生矿床，于 1990 年建成投产。据说该矿出产的钻石有 62% 属宝石级，主要出口美国、比利时及中国香港等地。

　　另外，湖南常德和贵州等有些地方，也发现过钻石冲积矿床。

1977 年 12 月 27 日，山东省临沭县常林村的女青年魏振芳在田间劳动时发现一颗重 158.786 克拉的钻石原石，她把钻石献给国家，此钻被命名为"常林钻石"，是中国目前发现的最大的一颗钻石

著名钻石出产国和其产量的统计表

产钻国家	1995 年 (×10⁶ 克拉)	2002 年 (×10⁶ 克拉)	2003 年 (×10⁶ 克拉)	2004 年 (×10⁶ 克拉)	2005 年 (×10⁶ 克拉)	2006 年 (×10⁶ 克拉)
安哥拉	1 900	4 520	5 130	5 490	6 300	7 000
澳大利亚	40 800	15 136	13 981	23 300	23 900	24 000
博茨瓦纳	16 800	21 297	22 800	03 000	0 300	0 300
巴西	0 500	0 400	12 618	12 300	12 350	

产钻国家	1995 年 （×10⁶ 克拉）	2002 年 （×10⁶ 克拉）	2003 年 （×10⁶ 克拉）	2004 年 （×10⁶ 克拉）	2005 年 （×10⁶ 克拉）	2006 年 （×10⁶ 克拉）
加拿大	4 937	10 756	0 263	0 285	0 315	
中非共和国	0 600	0 312	0 250	6 180	6 100	5 600
刚果	4 223	5 381	0 725	0 850	0 780	
加纳	0 800	0 770	0 724	0 555	0 413	0 355
几内亚	0 500	0 368	0 500	0 445	0 340	0 300
圭亚那	0 248	0 413	0 007	0 007	0 007	
利比里亚	0 520	0 260	2 004	1 902	2 200	
纳米比亚	1 300	1 562	1 481	21 400	23 000	23 400
俄罗斯	12 500	17 400	20 000	0 318	0 395	0 360
塞拉利昂	0 300	0 162	0 233	0 318	0 395	0 360
南非	9 100	4 351	5 144	5 800	6 400	6 240
坦桑尼亚	0 204	0 201	0 040	0 046	0 045	
委瑞内拉	0 046	0 011	0 011	0 186	0 241	0 236
其他国家	0 042	0 131				

第三章

钻石的形成、 晶体形状和开采法

一 钻石的形成

钻石是由碳元素组成，是碳元素在地壳深处，距地表 200 千米左右，于 1 100 ℃ ~ 1 625 ℃ 的高温下，且同时在 40 000 ~ 60 000 个大气压的压力下，结晶而形成的晶体，然后通过爆发型

上述这堆钻石晶体，将其结晶特性表露无遗，有些晶体外观呈不规则形

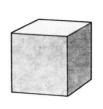

正方形　　　　　　　　八面晶体　　　　　　　斜方十二面晶体

二十四面晶体（4/6 面晶体）　　　　　　斜方二十四面晶体

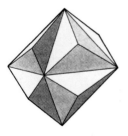

二十四面晶体（3/8 面晶体）　　　　　四十八面晶体（6/8 面晶体）

钻石的结晶习性。钻石为等轴晶系，常呈独立晶体，晶形有立方体、
弯曲晶面的八面体、具有表面纹理的十二面体、三角形体等，及
经地质作用而呈无规则性的砾石形态。

火山作用被带到地壳的浅部或地表。钻石的含矿岩石有两类：一类为金伯利岩，又名角砾云母橄榄岩，通常成管状充填物产出（即所谓金伯利岩管），世界上绝大多数原生金刚石矿床都属此种类型，如南非阿扎尼亚、中非扎伊尔、俄罗斯西伯利亚雅库特，以及我国辽宁瓦房店和山东蒙阴等地；另一类含钻石的岩石叫做钾镁煌斑岩，又称超钾金云母火山岩，属超钾质碱性岩类，这种类型是1979年才在澳大利亚金伯利发现的。

在金伯利火山或岩筒的喷射过程中，气态的岩浆一路向上，一旦遇到比较薄弱的岩层，它就以每小时16千米的速度冲击并喷

钻石呈现的各种结晶特性（11 粒钻石）

薄而出。如果岩浆在喷发途中恰巧从含有钻石的岩层中钻过，就会把该层的岩石和钻石一同带出来，最终沉下来。打个比方，地质学家认为，金伯利岩浆对钻石进行了"采样收集"。钻石并非金伯利岩浆的产物，但金伯利岩浆好比是一部电梯，拉载钻石从地幔来到地表。

第一次火山爆发将钻石带出地壳是在 2 亿 500 万年前，而最近的一次为 5 000 万年前。

原生矿床露出地面后，经流水带到河流沉积，形成砂矿。

 二 钻石的开采

有一个传说，亚历山大大帝在出征印度的时候，早听说当地有一个塞满了钻石的矿坑。那个矿坑由毒蛇把守，它们的眼神能致人于死地。亚历山大夺宝心切，便让手下战士每人配备一面镜子，当他们接近毒蛇的时候，就用镜子把毒蛇的眼光反射回去，借此杀死毒蛇。然后亚历山大命杀了一批羊，把羊肉扔进矿坑中去。钻石嵌进了羊脂，秃鹰们飞下去饕餮的时候把钻石和羊肉全吞了下去，等它们飞走以后，就从空中把钻石排泄出来，或在飞行的

古代印度人在钻石谷旁见到许多毒蛇栖居把守着钻石，只得无奈地离开

亚历山大大帝命士兵射杀老鹰取钻的情景

土耳其一本古书描述印度"钻石谷"的故事。羊肉将钻石粘上，后由老鹰啄食高飞而去

时候，由弓箭手射下来，正好落入亚历山大的手里。

这个充满瑰丽想象的描述可惜只是个故事。实际上，钻石的开采远不是这么轻松，要经过艰苦乏味的工作和运气。

钻石的开采有原生矿、砂矿两种矿床的开采。

（一）原生矿的开采

原生矿是指金伯利岩之钻石原生矿，其形状为管状，钻石晶体寄生在金伯利岩中。

这样的钻石，由于没有受其他因素或外来物质侵蚀，晶体比较完美，具明确的边缘和形状。

开采原生矿时，起初都是用露天开矿法，用推土机将岩石移走，留下像梯级似的长板凳于火山坑口中。那些梯级是用来防止大洞口的崩塌。挖掘工程全部机械化，按直线挖掘较为容易，以

当火山爆发时，在地底深处的结晶碳（钻石晶体）随着岩浆挤压冲向地表。图中可见许多不同颜色的结晶碳冷凝体沉积在管状矿中

钻石

冲积型的钻石矿藏，经挑出各种矿石后，要再用河水或溪水来清洗除泥污，然后才可分选出钻石来。这图中出现了三粒钻石

产于原生矿的钻石，表面光泽度高又光滑

依附在金伯利岩上的钻石晶体

这块金伯利岩上出现了数粒钻石，都依其结晶特性生长

金伯利岩是一种由火山形成的混合岩石，钻石晶体多和它依附在一起。这粒钻石寄生在金伯利岩上

南非普雷米尔钻石矿鸟瞰图。右边为露天开采时留下的矿坑，左边为地下开采时之选矿厂房及其设备

普雷米尔钻石原生矿的地下开采设备

含钻石的金伯利岩经破碎后从竖井运上地面，经图中的第二次破碎，再送去选矿厂

中间挖掘最深，因而产生一条螺旋形的道路，由上至下，以供卡车出入，运载矿土出矿场。这种露天开矿法，当挖掘超过 200 米深时，开采工作已经非常困难，一般便演变为地下式。

地下式开矿法费用昂贵且复杂，简单地讲就是在岩石中挖一竖井，供工人将矿物泥土运出，将含有钻石的金伯利岩在矿井下先破碎到 15 厘米左右的大小，然后由竖井运输到地面，再进行第二次破碎到 2.5 ~ 5.0 厘米大小。经过多重步骤，例如水洗筛、隔石器、油脂机（因钻石有嗜油的特性，所以会被粘在油脂机上）、X 光分析器（钻石在 X 光下，有时会产生荧光作用）等，最后收集到钻石。

（二）砂矿的开采

砂矿是含钻石的金伯利岩经风化后，受流水的搬运，到适宜的地方富集而成。这些钻石一般形状并不甚完善，因为它们可能在水中打滚了几千年，所以晶体多有圆形边缘，但其存在了这么多年，所以品质多为较佳。

砂矿的特点是小粒钻石被水冲走了，只有分量重的大颗钻石才能沉积下来。这种钻石矿藏，经挑出各种矿石后，要再用河水或溪水来清洗除泥污，然后才可分选出钻石来。

冲积矿床是最容易被人们发现的，通常是一个意外的惊喜，例如某村民在路上拾到一块石头，拿回家才发现是一颗钻石。以前的冲积矿床常被埋在大洞、漩涡和瀑布等地方，现在的矿床反而可在河流边缘的散沙中找到。古时的河流有可能已经干涸，只留下一片沙滩。所以，如果能找到古时河流的位置而发掘，成绩可能十分惊人。所以，专家们往往踏遍荒芜地带，例如巴西的森林、南非的草原、纳米比亚的沙漠，希望能够找到钻石矿床。

在冲积矿床中找钻石，从古到今都是采用"筛"的技术。因

这件蛋形沙质聚合物上有一粒钻石，它产自印度海得拉巴矿区，这里也是勒让钻和光明之山等著名钻石的产地

塞拉利昂矿工在河床旁以浅盒来淘洗钻石

南非矿区，挖土机正在提取含有钻石之地表冲积层的砂石，然后再运去选矿厂

这是一艘拥有现代化设备的船只，专门捞取海床上含有钻石的砂粒

掺杂在砂粒和砾石中的钻石

为钻石比河流中的其他矿物较重（相对密度4），所以，在筛子中的泥沙经冲洗后，钻石会留在筛子底部。

在海中，钻石冲积矿床的开采法，是利用有真空设备的船只，把含有钻石的矿砂用抽水机吸入船中，然后再运去选矿厂。这种方法需要潜水员下潜到约20米的水下，要干4到5小时才能上岸，工作非常危险，至今已发生过不少次船只在巨浪中倾覆、潜水员被溺的悲剧。

第四章

钻石的切割琢磨

 一 钻石切割法

钻石的切割是一个技术含量极高的工作。

钻石晶体是一层一层累积起来的，这些层次呈水平分布，钻石切割师们管这个叫做钻石的"纹理"。对钻石进行劈击的时候就顺着某个层次一刀而下，这个层面就叫"劈击面"，劈击师下手的时候先用一块钻石在目标原石上磨出一条下刀的凹槽，然后架上劈，在刀背上用力一磕，其结果无非二种，其一是将原石劈成两块，其二是原石粉身碎骨。传说当年最优秀的劈击师在劈开 3 106 克拉的库里南原石的时候，身旁就有医生和护士守护着，生怕他为了成败而激动得昏过去或失意患了精神病。

数世纪以来钻石工匠不断地在努力，务求以最佳的研究来体现并满足钻石的耀眼美。踏入 21 世纪以来，人们已要求琢型活泼漂亮，并且其"出火"要强烈又光泽明亮，可否保值和节省材料还在其次。

1558 ~ 1603 年，欧洲盛行八角形的钻石戒指，它有如两个金字塔的底粘在一起的外状，其外形乃是钻石结晶的特性之一。

英国女王伊丽莎白一世首先戴上这种戒指，且利用其尖端在玻璃上作画吟诗，这类时髦狂热轰动一时！

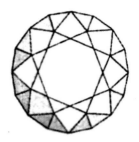

圆状明亮式刻面分布之上视图

圆状明亮式刻面分布之侧视图

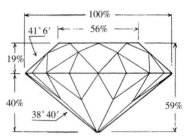

欧洲明亮式刻面分布示意图

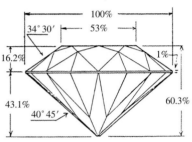

美国明亮式刻面分布示意图

透明和明亮式钻石的不同切割琢磨形态

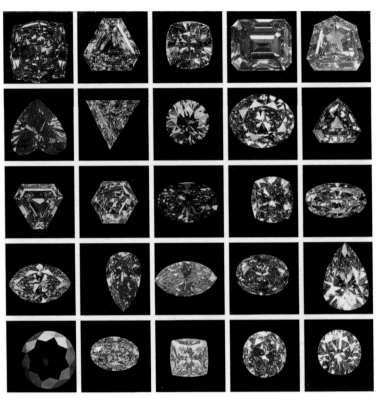

经由不同切割方法琢磨后的彩色饰钻群，它们是钻石中的"钻石"，价格都以天文数字计

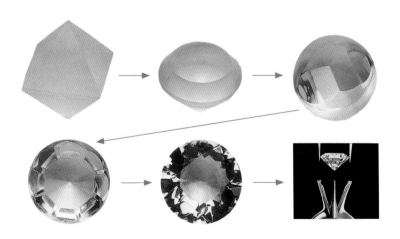

圆状明亮式切割琢磨次序

1860 年时亨利·莫尔斯（Henry Morse）在美国波士顿创立了第一家钻石切割工厂。1919 年起钻石切割发生了划时代的革命，在美国，马赛尔·托库斯基（Marcel Tolkowsky）出版了一本书，系统地分析了钻石的光学特性，并设计了一种圆状明亮式（round brilliant）的琢型，它不仅用于钻石，其他宝石也可采用这种切割法，使宝石在切割琢磨后呈现"火彩"和"明亮"。

除圆状明亮式外，还有如下数种切磨形状：椭圆形、三角形、长方祖母绿型、梨形、榄尖形、正方形和心形等

二 钻石的火彩

所有透明宝石和钻石都会不同程度地使光产生色散，这在无色或浅色的钻石中看得最清楚。当刻面钻石在灯光下转动时，会显示强烈的颜色闪烁，这种效应称为"火彩"。

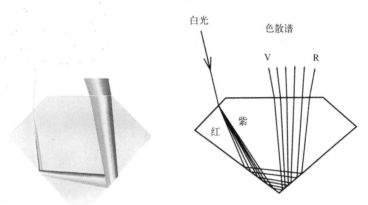

白光

色散谱

V R

红 紫

上面两图的钻石是以圆状明亮式的切割法为依据的例子。当入射光线从一粒已琢磨钻石的刻面进入钻石内部时，只能见到色散出来的三色光，分别是蓝光、黄光和橙黄光。

切磨钻石时，除了为钻石外形进行加工外，更有一点是要钻石"出火"。切磨效果极佳的钻石，其"火彩"必须经过精密的加工才能达到。通常钻石的火彩分为：外部火彩、内部火彩、色散火彩和闪光火彩。

1. 外部火彩

是指钻石的光泽，它由钻石表面反射的光所引起。决定钻石光泽强弱的因素主要在于钻石的反射率，反射率愈高，光泽愈强。钻石的光泽还取决于钻石切磨后的表面情况，钻石表面愈平整，抛光程度愈高，光泽也愈强。

具有明显"火彩效应"的钻石

本世纪最新结婚戒指之设计

2. 内部火彩

是指入射到钻石内部的光，通过钻石亭部小面全部反射，并从冠部反射出来，使钻石显得光彩夺目。只有切割完美的钻石，其内部的火彩才能很好地反射出来。如果入射到钻石中的光全部或部分从钻石亭部射出，将出现所谓的漏光或反光不足等现象。这时钻石将显得呆板，中心变暗而不明亮。

3. 色散火彩

钻石有较强的色散。这是因为自然光中的各种单色光在钻石中的折射率有差别，因此入射到钻石中的自然光将发生分离。经过精心设计的钻石琢形，可将分离的光多次反射，进一步分离后再从冠部射出，这样我们就可以从钻石冠部看到钻石的各种单色光，即"出火"。钻石加工工艺愈好，自然光被分离愈大，火彩愈足，钻石就愈美，价值也越高。

4. 闪光火彩

闪光就是钻石被转动或光源被改变时钻石出现的现象。钻石刻面的大小、几何对称性以及小刻面的抛光质量决定了光反射的多少，也就是闪光的强弱。只有切磨完美的钻石才能产生强烈的颜色、光辉和闪光的变化，这样的钻石才富生气。具有强闪光的钻石，切工一定要依钻石的光学特征精心设计和加工才能出现。

本世纪最新的钻石切割琢磨法

呈现火彩的"几内亚之星"

世界著名的钻石切磨中心

当今世界上最重要的切磨中心有四个，它们也是主要的钻石贸易中心。

1. 印度

印度是世上切磨钻石最多的国家。印度是历史性的钻石产地，人们将切磨钻石的传统传承了下来，因而技艺变得非常纯熟，连小孩子也懂得切磨的过程。近20年，在印度切磨的钻石增加了5倍，占全世界切磨加工钻石的一半以上。输出地包括美国、比利时、中国香港和日本。

在印度切磨的钻石，大部分是较小及品质较低级的，因为印度有低廉的劳动力和熟手的技工，别的国家很难与之竞争。然而随着

印度有些简陋的钻石切割琢磨工场，雇用童工来工作，有些童工年龄竟在十岁以下

印度 Karp 钻石厂，业务包括切磨、制造及零售钻石产品

科技的发展，印度也开始接手切磨大钻石，但大部分的切磨，仍在家庭式的作坊进行，尤其在古吉特（Gujerat），切磨工业最为兴旺。

而今，早年作为钻石中心的印度渐渐被巴西和后来居上的南非遮蔽了光芒。在钻石切割领域，印度也被欧洲切割中心甩到了后面，因为最大限度追求钻石成品的亮度和多面切割法始于欧洲，而非印度。

孟买是主要的销售中心。

2. 以色列

以色列的主要切磨中心集中在特拉维夫和内坦亚，其中以特拉维夫最为有名。那里的人工费用高，但工匠技术精湛，每每能减少切磨的损耗，保存较大的重量，这对钻石的价值当然有重大的影响。

以色列集中处理中等尺寸（半克拉以上）的钻石，但对不同大小的原石也会接货加工。1968 年，以色列政府在特拉维夫东北面的拉马干（Ramat Gan）成立了钻石交易中心，主要供应小钻和花式切磨钻石。

以色列的钻石切磨业引进了流水作业的方法，即有些工匠只需学习及精通某一个切磨钻石的工序，造就了各工序的纯熟技工。以色列的钻石切磨工业越来越成熟，一些较次要的工序改在外地进行，例如较小的钻石的加工生意，便会分发到其他劳工较低廉的地方，如俄罗斯和中国等。

以色列的钻石交易中心，位于拉马干。由四座相连的大厦组成，内有世界上最大的钻石交易厅及 1 200 个小房间，银行、餐厅、医务所、邮局、保险公司、旅行社、珠宝公司及快递公司一应俱全

3. 比利时

比利时的安特卫普专门处理 1 克拉以上的原石。这里的切磨工艺是世界首屈一指的。然而现在随着其在钻石贸易中地位的上升，其切磨工业反而渐走下坡，估计现在只有约 2 000 名切磨工匠。

安特卫普是国际钻石交易的汇聚点，有数百家钻石加工厂与上千家钻石公司。钻石贸易是当地的经济命脉。

当戴比尔斯集团放弃垄断原石市场之时，安特卫普的原石贸易地位更显超然。于此地输入的原石，大部分被送往以色列、远东及印度加工。现在许多位于俄罗斯、中国及其他远东国家的钻石厂，都是属于安特卫普公司的生意，管理人员多是比利时的技术人员。

比利时出产的自动打磨钻石机

4. 美国

美国纽约的切磨钻石工人的工资是世上最高的，他们的技术也是最高超的。纽约全部钻石切磨工业约有100家工厂，每个工厂雇员不过20人，估计全纽约只有400名工匠，集中处理高品质的超大钻（2克拉以上）。在纽约切磨的钻石数量不大，但在国际市场上仍占重要地位。

在俄罗斯、亚美尼亚、中国、泰国和斯里兰卡也有一些切磨钻石的工厂。

第五章

罕有的彩色钻石

一　罕有的彩色钻石

　　钻石是珍贵之物，或许白钻太深入人心，令人以为钻石只有白色，但其实在色谱中出现的颜色，都可以在钻石中找到。而彩钻之所以稀有，是因为每出产十万颗宝石级的钻石，才可能出现一颗彩色钻石，概率仅为十万分之一。5 克拉以上的彩钻十分罕见。若其成色和净度属于顶级的话，其价值将更高，因此，彩色钻石比白色钻石更为罕有。

　　极品钻石，尤其是有色的钻石，特别是红色、粉红色、绿色、深蓝色和浅蓝色者等，其原石（毛坯）的价格多在 30 万美元 / 克拉以上。

二　彩色钻石的来源和其珍贵性

　　彩色钻石即是有颜色的钻石，彩色钻石的形成是因为钻石在生成的过程中，所含的化学微量元素的不同和内部晶体结构变形所致。有趣的是，白钻以美国宝石研究院（GIA）的 4C 为钻石的鉴定标准，但彩钻的价值则取决于其彩色的稀有性、浓度及饱和度。而彩色钻石的色泽等级依据颜色的浓淡程度可以分成淡色（light）、淡彩（fancy light）、彩（fancy）、鲜彩（intense）和浓彩（fancy vivid）五个等级，简单来讲，颜色愈深就愈珍贵。

专家形容，彩色钻石的颜色好比天上的彩虹，包括粉红、黄、蓝、红、绿、黑、灰和啡（咖啡色）。

在一众的彩色钻石之中，红钻石的产量最稀少，市场上供应极为罕有，加上红钻色泽比红宝石和石榴石等更显鲜艳娇美，所以深受收藏家喜爱。而另一罕有的是蓝色和绿色钻。产量较多和最普遍的彩钻是黄钻和粉红钻，黄钻的零售价一般是白钻的1.2倍至2倍，粉钻则是几倍不等。黑钻的价值最低。

这堆自河床中以平底镶淘选后的晶体呈现不同色彩，其中有钻石、橄榄石、石榴石、辉石和钛铁矿等

三 彩钻在切割琢磨过程中可能会失去颜色

许多著名的珠宝商或钻石大亨们在采购极品有色钻石时，都必须事前和切割师详细商量，因为谁也无法预测一粒有色极品原石经过砂轮磨过之后其颜色会发生哪些变化。这一点是买家面对

在澳大利亚产出之浅粉红色和浅蓝色钻石，罕有而价格昂贵

的最大挑战，颜色在切割过程中起变化可能使买家破产而变得一无所有。南非一名钻石大亨以巨款收购了一粒蓝钻石原石，其蓝色极为幽深，品相绝佳。切割师刚开出第一个刻面时，钻石的颜色由深蓝褪到浅蓝，即刻身价由 30 万美元 / 克拉跌至 4 万美元 / 克拉。这粒原石计划切割成 6 克拉，于是只好眼睁睁地看着 156 万美元就地蒸发。幸好峰回路转，切割师开出第二个刻面时，深蓝色居然又遛了回来。类似这种经历的故事在钻石界广为传播，使得每

一个加工彩钻的切割师不寒而栗。因为彩钻的光华很可能在打磨的时候毁于一旦，而切割师也会即时身败名裂。

四　八种颜色的彩钻

当今彩钻的颜色总共有八种，比彩虹具有的七色更多。如下八色极具摄人心魂的魄力。

1. 红钻：红钻是彩钻中最罕有也是最昂贵的一种，其中以色浓、色泽饱和程度高的为极品。有些浓度低的粉红色钻石，被称为粉红钻，这个颜色在钻石中也是属于难找到的。中等饱和程度的粉红色，被称为"玫瑰"，价值不菲。浓度极高的纯粉红的及呈紫色的粉红钻被视为具有收藏价值的珍品。普通的浅粉红钻价钱比无色的价格高出 2 倍以上。

2. 绿钻：纯净的绿钻需经过几百万年放射性物质互相撞击才

各种颜色的彩钻

澳大利亚产出的彩钻，十分罕有

各种新设计的彩钻，其价格以百万美元计

能形成。由于放射过程往往只能在钻石表面形成绿色，在打磨后难以保存，而使这些钻石最终只能变成白钻或浅黄色彩钻。这说明当今绿钻极为罕有，价格极高。

3. 蓝钻：蓝钻的颜色来自硼，非常罕有。事实上，大且色浓的蓝钻，几个世纪都可能没有一颗出现。普遍出产的蓝钻都是色调浅、饱和程度低的浅蓝者，其中也不乏带有灰伴色的，有些更有紫的伴色（较为罕有）。呈不同浓度蓝色的蓝钻，其价格差异颇大，其中以浓度极高的彩蓝钻最为珍贵，闪亮的蓝色可谓极其罕有。但蓝灰哑色的钻石，价值却可能比无色钻石更低。

4. 黄钻：产量较多，彩钻中最为普遍。一般来说，一颗黄钻与一颗无色钻石的价值没有多大分别，浅黄的钻石比无色的价钱便宜；光泽漂亮鲜明的黄、橙钻叫价较高。

5. 啡钻：在彩钻中，啡钻较常见，成因是氮的存在。色调由浅到深都有，常带橙色，但颜色饱和度低，所以看起来像啡色。很多都有深哑色的感觉，故此受欢迎程度较低。带橙及

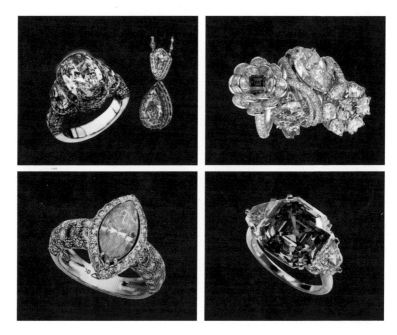

年轻人最喜爱的彩钻

红的，较为珍贵。啡钻比无色钻石价钱一般要低一半至二成不等。

　　6. 灰钻：大部分灰钻色泽晦暗，缺少生气，因而价值偏低。但如果浓度极高的灰色看来像深蓝色，售价亦会相对较高。

　　7. 黑钻：市面上绝大部分的黑钻并非天然品，而是经过人工处理，即俗称"入色"的产品。生产商通过辐射或高温技术，将色素注入钻石。这些经处理的黑钻，比其他彩钻的供应数量较多，价格也因而低廉。

8. 变色钻：这种钻石非常罕有，就是遇到热时会变色。将它长时间放在黑暗的地方，它也会短暂地改变颜色。

变色钻在正常环境下是绿带灰黄或黄带绿灰，所变的颜色是黄带橙啡或黄色。将变色钻加热到 150 ℃，变色最为明显。

变色钻在长波紫外光照射下，有强至中等的荧光。它们大多有黄色的余光，即使在紫外光灯移走后，它仍然继续发出荧光，并维持一段时间。

各种颜色的彩钻

第六章

名钻传奇

1 光明之山（Koh-i-Noor） 椭圆形 108.93 克拉

（1）巨钻归于莫卧儿皇帝

传言 1304 年"光明之山"在印度南部被发现，并由印度土邦主拉贾（Rajah）所拥有。原重 794.50 克拉，后来被切割成 188 克拉。

印度莫卧儿王朝的创建者巴布尔（Bâbur），绰号"老虎"，他的父亲是帖木儿的第五代子孙，母亲是成吉思汗的后裔，所以他是具有蒙古血统的突厥人。

1526 年，莫卧儿帝国的创建者巴布尔向德里苏丹发起挑战，双方军队在帕尼帕特对垒。巴布尔手下精兵数目只有 12 000 左右，德里苏丹则有兵力 100 000 以上，加上有 100 只战象。巴布尔用炮兵出击，然后以突击的车轮战术派骑兵快速冲杀，打散了沿用陈旧战术的苏丹军队。巴布尔以一敌十地战胜了对方庞大的军队，并在战斗中手刃德里苏丹。

阿格拉（Agra）是一位土邦主，是与德里苏丹一起战死沙场的诸侯之一。这位土邦主拥有一批稀世奇珍。他在决战之前，派人把身边那批珍宝送到住在阿格拉城堡的家人处保管。巴布尔得知此情报后，火速派自己的儿子胡马云（Humayun）到阿格拉城

1526～1530 在位的莫卧儿帝国第一任皇帝巴布尔，其因光彩夺目的战功而获"老虎"绰号

堡去劫镖。土邦主的家眷没能躲过这次的突袭，当巴布尔到达阿格拉城堡接管政权时，土邦主的家眷向他献出了一批象征投降和求饶的礼物，其中就包括有"光明之山"这粒古印度人赞为价值连城的瑰宝。

后来这粒巨钻落在莫卧儿皇帝贾汉季（Jehangir）的手中。他将它切割成为一粒重为188克拉的饰钻。当时这位皇帝持着此钻骄傲地对世人宣称：这粒绝世奇宝的价值相当于全世界所有人口

1525年巴布尔占领阿格拉城后，在宫中为部下派发抢来的珠宝

画家笔下的"孔雀御座"

一天的粮食，任何人得到它就可以统治全世界了。莫卧儿皇帝这
粒切割后的巨钻当年外观呈如下形状。

　　读者从图中可发现这粒巨钻某些刻面呈色暗淡。上述这位贾
汉季皇帝，后来被自己的儿子沙贾汗（Shah Jahan）推翻下台，这
位新的莫卧儿皇帝就是建造泰姬陵的主子，也是"孔雀宝座"的
始建者，拥有无数的巨型钻石的印度王。沙贾汗在位期间是印度
产出大量钻石的年代。

画家笔下的"孔雀御座"

　　这位富有的印度统治者有着极丰富的宝石知识，他本人设计的这一御座，镶嵌着无数的宝石，法国著名钻石商塔韦尼耶于1665年在印度曾见识过这一宝座，其上镶着116粒大红宝石、106粒祖母绿和无数蓝宝石和天然珍珠，最重要的主角是宝座上那对孔雀眼，今天估计是由"光明之海"和"月亮之冠"两颗钻石所组成。

　　他有许多儿子都为争夺皇位和钻石相互残杀。最后他也被自己的儿子奥朗则布（Aurangzeb）抢去皇位，并关入监牢直到死去。

（2）波斯王巧计获巨钻

第六任莫卧儿君主是奥朗则布，其统治在 1689 年达到了顶峰，印度北部和印度半岛都归入了其帝国的版图。这一时期正是印度产出钻石的黄金期。

1739 年，约是莫卧儿王朝第六位统治者奥朗则布死后的三十年，波斯王纳迪尔（Nadir Shah）以莫卧儿皇帝违反诺言和当时德里朝廷虐待波斯的使者为借口，出兵远征印度，大败莫卧儿帝国的军队并占领德里城，掠夺了大量的珠宝，并将印度以西全部领土占为己有。当时战败了的莫卧儿皇帝几乎任由纳迪尔摆布和侮辱。征服者在德里皇宫驻军两个多月，临走时，这个残酷的征服者抢走了莫卧儿皇室的全部珠宝，包括沙贾汗设计的"孔雀宝座"。根据纳迪尔的亲信估计，波斯王在德里城共勒索了 1.5 亿卢比的现金和大量的珠宝、服饰、家具以及帝国库藏里的其他贵重物品。他还带走了 300 头象、1 万匹马和同样数目的骆驼来作运输工具。

而"光明之山"这粒名钻却无踪迹可寻。有一名宫女向波斯人揭露大秘密，那粒波斯王想要的巨钻就藏在莫卧儿皇帝的头巾中。于是波斯王将计就计，以东方传统的礼节请莫卧儿皇帝参加一个庆祝波斯国胜利的宴会。席间，波斯王突然有礼貌地建议对方，即战胜者和被征服者要互相交换头巾帽。波斯王讲话后，未等对方表态，立即脱下自己那镶有珠宝的羊皮制头巾帽，紧接着又帮对方除下那顶头巾帽，转而将它戴在自己的头上。宴席中，莫卧儿皇帝只得由胜利的对方任意摆布。

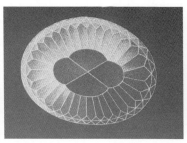 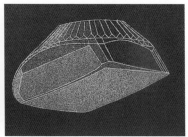

"光明之山"下视图（上），侧视图（下）

互换头巾帽的宴会。左为波斯王，右为莫卧儿皇帝

事后，波斯王解开头巾帽，发现了一颗大钻石。他低沉地以波斯语大叫"Koh-i-Noor！"这一惊叫其意是"光明之山"。于是这粒巨钻的名称就由此而来。

1747 年 6 月，波斯王纳迪尔在兵营帐幕午睡时被刺杀，王朝瓦解。他的侄子和孙子相继被拥立为王，相继被杀，而这粒"光明之山"巨钻，再引起许多争端。

波斯王纳迪尔死后，他的继承人是他那握有兵权的侄子阿里·库利（Ali Kuli），后来他取得波斯王位，称为阿迪勒（Adil Shah）。但是不久这一王位改由其兄弟易卜拉欣（Ibrahim）取代之，但是后者最后被自己军队拘捕并处决。最后波斯王纳迪尔之 14 岁的孙儿名义上接管王位，称为沙鲁哈（Shah Rukh），但无实权，因觊觎王位者大有其人，幼王只是挂名而已。于是波斯政局混乱，出现了众多独立的地方政权和部落汗国，各自为政，在整个波斯甚至连一个有名无实的国王都没有。沙鲁哈当了数十年的挂名波斯王，后来终于由一名叫艾哈迈德·阿卜杜里（Ahmad Abdaly）的阿富汗人出手相助，后者原是波斯王纳迪尔的一位极具才能的将军。最后，沙鲁哈摆脱了外来的干涉而独立主政。于是，沙鲁哈送出许多波斯王宫的珠宝给艾哈迈德·阿卜杜里，其中就有"光明之山"。

（3）波斯改朝，名钻易主

艾哈迈德·阿卜杜里的后辈阿迦·穆罕默德（Aga Mohammed）于1796年为卡扎尔（Qujar）王朝的波斯王，但在1796年6月的一个晚上被两个仆人刺杀。波斯王位由其子蒂穆尔（Timur）继承，这个弱势的统治者生殖能力却特别强，共生育了23个儿子。他死后，长子扎萨姆（Zasam）自然成为王，但在6年后由其弟弟马哈茂德（Mahmud）将他监禁而夺得王位。扎萨姆在被监禁前偷偷地将这粒"光明之山"钻石外包以石膏，将它暗藏在监狱的墙壁中，避过马哈茂德的追查。1803年，另一名兄弟舒亚（Shuja）起兵监禁马哈茂德而夺得王位。但在7年后马哈茂德逃亡，最后再重新取得波斯王位。

（4）巨钻终归英国女王

后来，扎萨姆和舒亚两兄弟受到一名号称"旁遮普之虎"的锡克教领导人兰吉特·辛格(Ranjit Singh)的庇护。于是在1813年，他们将"光明之山"送出，以报其恩。兰吉特·辛格就将这粒钻石设计成臂饰加以炫耀。在兰吉特·辛格死后的1845年，他的儿子杜力普·辛格（Dhulip Singh）由于政治上需要大英帝国的帮助，就将这粒最具历史性的巨钻送给大英帝国的维多利亚女王。

杜力普·辛格曾在印度经文中发现有如下记载：谁拥有了这粒钻石，谁就拥有这个世界；但是谁拥有了它，谁就得承受

送出"光明之山"的王子，其名字是杜力普·辛格

号称"旁遮普之虎"的兰吉特·辛格出巡时的威风气派

它所带来的灾难。唯有神或一位女人拥有了它，才不至遭到任何的惩罚。

这个聪明的小孩，也因为希望得到英帝国未来的关照，于是决定将此钻送给英国维多利亚女王。

（5）名钻的最后归宿

在伦敦，人们对"光明之山"的到来抱着极高的希望。但有人也预言，那钻石是不祥之物，会把晦气带来英国。果然就在它到达白金汉宫不久，一位退休的轻骑兵军官精神失常，居然袭击了维多利亚女王。

巨钻到达伦敦后，1851 年曾在水晶宫展出，参观者对此钻并不十分欣赏，因其外表闪光性欠佳。于是维多利亚女王决定重新切割此钻，就从阿姆斯特丹以 40 000 英镑请来切割专家，以四匹马力的蒸汽机巨轮来进行再加工。切割后该饰钻失去 79 克拉，即由 188 克拉减至 108.93 克拉。切割后光芒还是不够理想，女王的丈夫艾伯

切割后的"光明之山"，其重减至 108.93 克拉，光泽欠佳，于是在王宫中被冷藏闲置

"旁遮普之虎"兰吉特·辛格将这粒"光明之山"设计成臂饰，并加上左右二粒钻石来衬托

特（Albert）王子公然表示失望。女王亦不想将它作为王冠或权杖的炫耀物，而只将它收藏在温莎堡的一个盒子中。

这粒巨钻重切后之所以仍然暗淡，原因在于切割的错误设计，并与小刻面的形状和排列有关。钻石收藏家则认为，该钻石之传奇性具有莫大的价值。

1853年，"光明之山"被镶在维多利亚女王的一件著名的冕状头饰上，大约有2 000粒钻来衬托。1911年"光明之山"被镶在玛丽王后加冕的新后冠上，周围有许多钻石来作为绿叶。1937年，这粒"光明之山"又用于王后伊丽莎白（即当今女王伊丽莎白二世的母亲）于丈夫加冕时的后冠之中央。直至今天，这粒后冠上的"光明之山"仍收藏在伦敦塔中。1947年及1976年，印度和巴基斯坦分别向英国索要这粒巨钻，但被拒绝。

2 希望蓝钻（Hope） 深蓝色 垫形 45.52克拉

1791年6月20日的午夜时刻，法国国王路易十六为了逃避大革命的狂潮，带着王后玛丽深夜乘坐马车离宫亡命出逃。但在半途中被截获，于是两人被押解到巴黎，在杜乐丽宫被严加监禁。当时由于革命烽火四处燃烧，社会秩序难以控制，于是当政者决定把法国王室的所有珠宝和艺术品转移到他们能够控制到的地区，于是凡尔赛宫的王室珠宝转运到巴黎协和广场的王室家具仓库中，当时巴黎人都认为这是最可靠的场所，这里存放着稀有宝石，历代君王的宝剑、盔甲、油画和家具。这些价值连城的宝物中，当然包括有深蓝色的67.13克拉之法兰西蓝钻（French Blue）。

这粒法兰西的心形蓝钻，是1669年由法国国王路易十四自法国钻石商人巴蒂斯特·塔韦尼耶（Baptiste Tavernier）处买来的巨钻，当时它重为110.5克拉。巴蒂斯特·塔韦尼耶自印度库乐（Kollur）矿买来此钻后，称它是"塔韦尼耶蓝"。它呈印度式的切割法，路易十四对它的外观心存不满，因他喜好灿烂光辉和会闪光的钻石，

希望蓝钻在天然光下呈现深蓝色

故决定改变其外貌。

1672 年，法国国王终于召来其御用的珠宝匠，要他把"塔韦尼耶蓝"钻改头换面为一心形钻。于是珠宝匠将塔韦尼耶蓝共磨去了 50 克拉，换取到的是一粒重 67.13 克拉的心形蓝钻。路易十四大喜，朝廷百官为之惊艳不已。以后路易十四就在接见来宾或国宴等重要时刻将此钻佩戴在颈部中央。当年法国人称它是"王室蓝钻"，各国珠宝鉴赏专家称它是"法兰西蓝"。于是这粒蓝钻的美名风靡了全欧洲，它罕有的色泽和大小，象征着太阳王的声势和权威。

路易十四的继承人是他的孙子路易十五。这位风情国王，曾将"法兰西蓝"给王后佩戴，也曾将它借给情妇佩戴，后来又将它镶在金色羊身为坠的勋章上。

再说巴黎局势在 1792 年 9 月 2 日已开始失控，市民再次暴动，他们还冲进监狱中，屠杀被监押的贵族，并打开监狱的大门，放出所有的犯人。这些犯人中有一人叫保罗·米埃特，他也是 9 月

16 深夜盗窃了欧洲最珍贵宝藏的头目之一。还有另一头目，他是鲁昂恶棍卡载·居劳，他盗窃了"法兰西蓝"。

掠夺法国王室的宝藏行动始于 9 月 11 日，人数多达 50 人，行动简直无法无天。有部分匪徒公然穿上警卫制服，在广场上站岗以保护同伙潜入宫殿盗宝。他们潜入形同虚设的宫殿中，把钻石、路易十四的宝剑、时钟等装入麻袋中后，还坐在宫殿内享受自己带去的面包、美酒和香肠。9 月 16 日半夜在当场因分赃引起内讧，后又肆无忌惮地争吵，引来巡逻警队的注意，于是这群贼人才如鸟兽散。

临时政府警方根据线索，快速地查到这伙窃贼，亦起获和追回了不少钻石，包括桑西（Sancy）钻，只是心形"法兰西蓝"失去踪影，直到今天已 200 多年，仍下落不明。其踪迹被许多假的布局和可疑的线索弄得扑朔迷离，专家们已花了 200 多年的时间来追踪这粒世上最著名的钻石，这就使其神秘性和"光明之山"钻并驾齐驱。

1798 年画家戈加（Goga）曾为当时的西班牙王室画了一幅全家福合照，其中王后玛丽亚·路易莎（Maria Luisa）颈上佩戴着一粒巨型深蓝色饰钻，有人猜测那可能是法国王室的窃贼为了掩人耳目而重新切割了"法兰西蓝"的饰钻，亦有人猜测它是一粒蓝宝石或是一粒深色的海蓝宝石。但是这些猜测在理论上并无依据。因为这粒名钻一直由盗窃者收藏在身边，他曾东逃西藏，最后在伦敦落足。他心中明白，这粒响当当的世界名钻极难脱手，买家担心日后法国政府会把这一国宝追回，唯一的办法是令它改头换面。

在钻石业界中，一粒钻石由小偷或走私犯的手里传递到具有钻石经营牌照的合法商人

重 112.5 克拉的"塔韦尼耶蓝"外观

路易十六在断头台上被处决的情景

手里的那一瞬间，就等于它已飞上枝头做了凤凰，从这一步开始，就是商业上的常规做法了，非法得来的钻石顺利地融入了通过合法手段买来的钻石毛坯中。钻石来历的不可考证性催生了历史上最惊心动魄的一次钻石诈骗。

于是盗窃者配合切割师，为"法兰西蓝"钻动了手术，令它摇身一变成为一粒重 45.50 克拉的长垫形蓝钻。自此之后，"蔚蓝之心"不复存在。自 1812 年起，这粒蓝钻曾落在伦敦一位钻石大亨的手中。自此这粒重 45.50 克拉的蓝钻开始了一系列的血光之灾，亦使得这粒名钻的传奇性达到巅峰的状态。据说一名俄罗斯王子曾将这粒 45.50 克拉的蓝钻送给巴黎福里丝·贝热尔（Folies Bergere）剧院一位女演员拉德雷（Ladre），后来因为争风吃醋事件，她在舞台上被情人开枪射杀，死时这粒蓝钻还佩戴在她的胸前。

1830 年，英国银行家亨利·菲利普·霍普（Heney Philip Hope）以 18 000 英镑购入此钻，并将它改名为"希望"（Hope）。

银行家霍普死后，这颗蓝钻换了许多主人，这其中包括了土耳其苏丹等达官贵人。

最后它落在著名珠宝商卡地亚的手中。

卡地亚曾多次向美国的女富豪伊娃琳·麦克莱恩（Evalyn Mclean）推销这粒希望蓝钻，这名钻石痴的豪气小姐欣然买下这粒名钻。

伊娃琳·麦克莱恩小姐的父亲在美国是金矿大王，家境极富裕，自小得到双亲的宠爱，对珠宝如痴如醉，视它尤胜于自己的生命。她未成年时，就买了一辆奔驰跑车，和年幼的弟弟在公路上狂玩，意外中致弟弟死亡，自己也差点丧命。成年后她和美国报业大王的儿子订婚，这位花花公子酗酒成性，虽然两人不停地争吵，最后还是结婚。

婚后她自卡地亚公司购了这粒蓝钻，还有意识地佩戴此钻去教堂洗礼。这位小姐只爱美，爱美钻，而且脾气倔强又豪爽好施，朋友众多，深得好评。

这粒蓝钻伴随着伊娃琳·麦克莱恩有三十年之久，其代价是9

1949 年，哈里·温斯顿以 1 000 000 美元购下伊娃琳·麦克莱恩的全部首饰，并作公开展览。左边架子上为希望蓝钻项链，右边架子上为"东方之星"项链。参观者喜形于色

岁的儿子死于车轮下；丈夫因酒精中毒闹到两人离婚，后又精神分裂而丧生；最令她痛心的是25岁的女儿染上毒癖，又服食过量安眠药而死。这些连续发生的不幸灾难使她痛不欲生，最后连她那唯一的外孙女也早逝。她在肺炎的折磨下，只活到60岁。这个一生充满传奇的女人，"希望蓝钻"和"东方之星"陪伴着她度过了三十年！

伊娃琳·麦克莱恩胸上佩戴着希望蓝钻，发上戴着"东方之星"钻

她死后欠下一身的债务，法院下令变卖珠宝还债。1949年，由一生保持低调的珠宝大王哈里·温斯顿（Harry Winston）以百万美元将她的珠宝全部买下。这些珠宝包括"东方之星"（时值185 000美元）、希望蓝钻（时值176 920美元）和其他72件珠宝首饰。

温斯顿将伊娃琳·麦克莱恩的全部首饰，在世界各大都市作巡回展览，慈善筹款。

1958年，他将世上这粒最著名的蓝钻，以邮寄方式送给了美国的宝石博物馆。

③ 维特尔斯巴赫钻（Wittelsbach）深蓝色 垫形 31.06克拉

这粒重31.06克拉的罕有的深蓝色名钻，其不平凡的历史并不亚于著名的希望蓝钻。

1664年，西班牙国王腓力四世将这粒来自印度、身世不详、重35.56克拉的蓝钻送给女儿因凡塔·玛加丽塔·特雷莎（Infanta Margarita Teresa），作为她和奥地利国王利奥波德一世（Leopold Ⅰ）

结婚的嫁妆。

十分不幸，因凡塔在 1673 年去世，她拥有的所有宝石自然由丈夫保管和拥有。

利奥波德一世后来将这粒钻石赠给第三任妻子，其名是埃莱奥诺雷·玛格达莱娜 (Eleonore Magdalena)，她是选帝侯的女儿，她比利奥波德一世活得久，直至 1720 年才逝世。她死前已安排将这粒巨蓝钻送给她的孙女阿切杜切丝·玛丽亚·阿梅莉亚 (Archduchess Maria Amelia)，她是国王约瑟夫一世 (Joseph I) 的女儿。

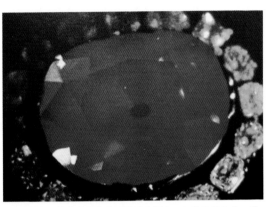

维特尔斯巴赫钻在紫外光下呈现的颜色，与希望蓝钻的一样

1722 年，阿切杜切丝和巴伐利亚皇储查理结婚。自此这粒蓝钻开始改变命运，而成为巴伐利亚维特尔斯巴赫 (Wittelsbach) 王朝的"家庭钻石"，并被命名为"维特尔斯巴赫"(Wittelsbach) 钻。

同时，这粒拥有 50 个小刻面的蓝钻，在其周围加镶了 70 多粒美钻，令其外表看来有如一朵花。

德国巴伐利亚最后一个皇帝路易三世曾经佩戴过此钻，他在 1918 年退位，最后隐居匈牙利，数年后离世。

第一次世界大战后，巴伐利亚成为共和国，皇室家庭成员也因经济原因，准备将部分珠宝出卖，这粒蓝钻也是其中之一。但是在 1931 年 12 月，这粒蓝钻在幕尼黑的拍卖会中离奇失踪，只剩下一块不值一文的蓝色玻璃。

1958 年,在布鲁塞尔之世界博览会中,这粒蓝钻在展品中出现,但其身份和拥有权有疑问,直到 1962 年才由比利时宝石专家确定其真正的身份。这名专家科姆科默尔先生(Mr Komkommer)和儿子当即认出这是那粒由巴伐利亚之维特尔斯巴赫王朝所拥有而后又失去的蓝钻,万分震惊而拍案称奇。当时其价格约值180 000 英镑。1964 年此钻由私人收藏家购下。

2008 年 12 月,一家十分著名的珠宝公司克拉夫(Graff)公司,以 18 704 698 欧元投拍到此钻。凭着他们 50 多年来在宝石学上的高深知识和技艺,克拉夫决定重新切磨此钻,最后将它打磨成31.06 克拉美丽的蓝钻。

这粒蓝钻来自印度,传闻它和希望蓝钻是来自同一母体。科学家证实,维特尔斯巴赫钻和希望蓝钻在紫外光下呈现出极类似的红色荧光。

当年塔韦尼耶自印度带来一粒重 112.5 克拉的"塔韦尼耶蓝"原石,路易十四购买此石后再将其切割成重 69.03 克拉的法国蓝。据专家研究,"塔韦尼耶"蓝的另一半的材料极大可能就是维特尔斯巴赫钻。美英专家正研究二钻是否同一母体,但至今还未定论。

4 **库里南 1 号钻**(Cullinan I) 梨形 530.20 克拉

(1) **巨钻出世**

1905 年在南非首都郊外的普雷米尔钻石矿露天部分的斜坡处,监工弗雷德里克·韦尔斯(Frederich Wells)在夕阳下发现一块闪亮的矿石,其大小如拳头,他爬上斜坡顺手拾来。后来韦尔斯将它交给化验室人员鉴定,受到后者的取笑,因为化验员认为钻石晶体不可能这么大,还顺手将它抛出窗外。自信心极强的韦尔斯再寻回这块原石。经多番的折腾,最后确定这是一颗重为

1905 年，韦尔斯站在普雷米尔露天矿坑之下的斜坡上，用左手指出库里南钻石原晶矿所在的位置。下面数名工人正在进行采矿工作

3 106 克拉的真正钻石，它以矿主的姓名来命名。

（2）英王室之宝

1907 年南非的德兰士瓦（Transvaal）省政府向普雷米尔矿买下这颗重 3 106 克拉的原石，送给英王爱德华七世，作为祝贺他66 岁的生日贺礼。

这颗重 3 106 克拉的库里南钻原石，在荷兰著名钻石切割师阿斯基尔（Asscher）的领导下，总共取得 9 粒大饰钻、96 粒小型圆钻，及 9 克拉的碎片。经切割琢磨后共取得九件饰钻，其总重量是 1 055.25 克拉，成绩颇理想。

　　这一骄人的切割成绩，使德兰士瓦总督以 100 万美元买下的原石增值了百倍之多，而英王爱德华七世更是天降鸿福，最大收益人当然是王后玛丽了。

　　切割琢磨后的库里南 1 号钻和库里南 2 号钻，被送到伦敦温

1905 年普雷米尔钻石矿监工韦尔斯和他所发现的钻石合照。他也因而赢取一笔可观的奖金

库里南 1 号钻

英王室最新的权杖，其上镶着库里南 1 号钻

左图：1908 年，阿姆斯特丹切割专家约瑟夫·阿斯基尔正为库里南钻这粒原石以夹具固定和布置劈刀

右图：专家第一锤劈下，刀崩，原石无损；第二锤劈下，原石被劈成 9 件

切割琢磨后的库里南钻

名　称	重　量	形　状
库里南 1 号钻	重 530.20 克拉	梨状
库里南 2 号钻	重 317.40 克拉	垫状
库里南 3 号钻	重 94.40 克拉	梨状
库里南 4 号钻	重 63.60 克拉	垫状
库里南 5 号钻	重 18.80 克拉	心状
库里南 6 号钻	重 11.50 克拉	橄榄核状
库里南 7 号钻	重 8.80 克拉	橄榄核状
库里南 8 号钻	重 6.80 克拉	长方形状
库里南 9 号钻	重 4.4 克拉	梨状

库里南钻原石经切割后而取得的 9 粒饰钻

重 317.40 克拉的库里南 2 号钻

库里南钻原石经切割师劈开后呈现出 9 块碎片的照片

莎堡由英王爱德华七世签收。当时的玛丽王后急不可待地将它们佩戴在胸前并拍照留念。这粒巨钻被称为"非洲巨星"，其尺寸是58.9毫米×45.4毫米，具有74个光泽的小刻面。爱德华七世决定定制一根英王室的新权杖，以库里南1号钻来做主角，作为今后英王室登基加冕礼的王权标志。这一重要的任务当然由英王室御用珠宝商卡地亚公司来承担了。这根权杖，今收藏于伦敦的伦敦塔中。

切割琢磨后的库里南2号钻，是垫形钻，重317.40克拉，其尺寸为44.9毫米×40.4毫米，共有64个小刻面。爱德华七世决定将它镶在王冠的中央，也收藏在伦敦塔。

琢磨切割后的库里南3号钻，是梨形钻，重94.40克拉，由当年喜爱珠宝的玛丽王后所拥有，初时用来作胸饰，之后镶在她的后冠上。她死后，当今英国女王伊丽莎白二世将它镶在胸针上，并将它称作是"祖母留下的小首饰"。

库里南5号钻为心形钻，是当今英国女王伊丽莎白二世之祖母玛丽王后的收藏品。

库里南7号钻和库里南8号钻分别重8.8克拉和6.8克拉，它

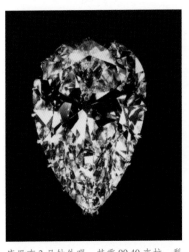

库里南3号钻外观，其重99.40克拉，梨形外观

库里南4号钻重63.60克拉，共有105个小刻面

这一大英帝国的王冠，框架以黄金为材料，共镶有2 656粒钻石，17粒蓝宝石，8粒祖母绿，5粒红宝石，273粒天然珍珠和1粒尖晶石，于1937年制成

玛丽王后胸前佩戴着库里南 5 号钻

这一胸饰是英国女王伊丽莎白二世的祖母玛丽王后的收藏品，上面那粒钻石是库里南 8 号钻，重 6.8 克拉，下面那粒吊坠，重 8.8 克拉，是库里南 7 号钻

库里南 5 号钻呈心形，是英王后玛丽的收藏品，重 18.8 克拉

们也是伊丽莎白二世的祖母玛丽王后的收藏品。

(3) 库里南原石的其他传说

这块库里南钻原石，有着一个新的劈开面，这就引起专家们的推论：它应该还有另一半，人们甚至对矿场监工弗里德里克·韦尔斯（Frederich Wells）指出该原石被发现的位置产生怀疑。

基于这一新劈开面的出现，发生了许多传奇的故事。

库里南巨钻被发现后不久，南非普雷米尔钻石矿的一名工人杰哈尼斯·保卢斯（Jahannes Paulus），传说他早前已拥有一粒比库里南钻更大的原石，并暗示它就是库里南钻原石的另外一半。这名矿工现在已是商人，他打算以这一颗巨钻原石换取 100 磅的黄金。

消息一传开，一个出身农夫的骗子，名字叫杰哈尼斯·福里（Jahannes Fourie），竟然联络到这名巨钻拥有者、商人杰哈尼斯·保卢斯，表示愿意用 100 磅黄金来交换这颗巨型的原石。于是双方约定时间和地点，并请来警官和其他中间人在旁作证。

交易时，商人出示一颗巨型粗钻，它有一个劈开面，骗子则出示一袋装满金粒的交易品，声称那是 100 磅纯金粒。商人不放心，伸手入内一摸，发现掺杂着铅粒等残余物，于是面带怒容一声不响转身而去，骗子一时面无表情。

这个骗子并不气馁，又风闻一名土酋长拥有一颗巨钻，于是和他结识并阴谋将他毒杀，后东窗事发，骗子被吊死。

又传言库里南钻原石的另一半落在约翰内斯堡

库里南钻原石的这一面，似乎是人工劈开的，全无地质年代留下的印记。和它一起生长的姐妹石（另一半），也许今天已经埋在垃圾堆下面，要不然就是埋在废矿堆下面，永远不见天日

一个黑人矿工的手中。还有传说是一个移民到南非的德国妇人曾经在德兰士瓦省经营小旅社，一名钻石工人以此原石粗钻来付住宿费。这颗原石一面是用刀劈开的。如上这些传言有许多版本，多如天上的星星。

5 印度三角刻面钻（De Briolette of India）
梨形三角小刻面钻 90.38 克拉

这粒历史悠久的印度名钻，比"光明之山"还要古老，12 世纪时已在法国出现，故人亦称它是古老的"印度之梨"。

这粒钻石呈梨状外形，在 12 世纪时它曾由英格兰的狮心李察王（Richard the Lionheart）所拥有，在他参加第三次十字军东征时，曾随身戴着此钻。此后约有 400 年，此钻不知所终。直到 16 世纪时，法国国王亨利二世（Henry Ⅱ）得到此钻，并将它送给心爱的

这粒钻石是梨形状，其刻面全是三角形

情妇迪亚娜·德普瓦捷（Diane De Poitiers）。但自此之后，该钻再次销声匿迹了数百年。直到 1950 年，由纽约大珠宝商哈里·温斯顿买下，在其商号中收藏。1971 年又在欧洲售出。

从照片上可以看出，在千年前，印度对钻石的切割和琢磨技术是多么地高深莫测，它竟能利用简陋的设备，在钻石表面加工出这么精彩的刻面来，令人百思不得其解。

6 桑西之钻（Sancy） 淡黄色 梨形 55.00 克拉

据传言，这粒产于印度的钻石原镶在印度一位著名勇士的头盔上，但他在一场战斗中失去了钻石。

1570 年，桑西（Sancy）在土耳其将它买下。它呈杏仁状，上下两面具有极优美的刻面。法国国王亨利三世极喜爱此钻，因而桑西借给他，让他镶在王冠上，而换取到的是封官进爵。这位法国国王整天抱着宠物，又和侏儒娱乐疏忽国事，最后被一名修士刺死，此钻又回归

英国国王詹姆士一世继承了伊丽莎白一世拥有的桑西钻

到法驻伦敦的大使桑西的手中。法国新国王是亨利四世，也向桑西再借这粒钻石，目的是筹备军费作贷款抵押的用途，而桑西要求的回报还是取得驻伦敦大使的官衔。

后来桑西把这粒美钻卖给英国女王伊丽莎白一世。1605 年英王詹姆士一世（James I）将此钻和其他一些宝石镶在一大胸针上，夸称是"大不列颠之镜"。

詹姆士一世的儿子查理一世（Charles I）因战败在 1649 年被处决，玛丽王后私下带着此钻逃到巴黎，并将它卖给法国外交官卡迪纳尔·马萨林（Cardinal Mazarin）。后者在临终前将此巨钻和其他 17 粒名钻都送给法国国王路易十四，成为国王的炫耀品。

1792 年，法国王室宝物库被偷，桑西钻也不例外。1828 年，俄罗斯一名王子曾佩戴过此钻，1865 年又由一名印度富商所拥有。1906 年威廉·沃尔多夫·阿斯特（William Waldorf Astor）买下这粒钻石给他的太太，后来又送给他们的儿子作结婚礼物，儿媳妇

1722 年，法国国王路易十五加冕时的王冠。庆典完成后，王冠上的主要钻石被除去而以复制品取代之。王冠前面那粒巨钻就是勒让钻，而冠顶最高那粒则是桑西钻

利用此钻出尽风头，直到年老时才将它借到博物馆作展览。桑西钻最终在 1978 年卖给法国政府，价钱是 1 000 000 美元。今天它在巴黎卢浮宫收藏着。

7 神像之眼（Idol'S Eye） 淡蓝色 三角形刻面 70.20 克拉

这粒名钻于 1600 年前后在印度戈尔孔达一带被发现，切割前

曾是班加西（Benghazi）神庙中一神像的眼睛。1865 年 7 月 14 日，它于伦敦一场宝石拍卖会中出现，当时这粒杰出的巨钻被称为"神像之眼"。它由一名神秘买家买下，以后就由奥斯曼帝国第 34 位苏丹王阿卜杜勒·哈米德二世（Abdal-Hamid）拥有。这位苏丹王在 1909 年被流放，死于 1918 年。

　　这粒名钻流落巴黎，并于 1909 年 6 月 24 日在巴黎宝石拍卖会中，由一名西班牙贵族买下。

　　第二次世界大战后的 1946 年，珠宝大王哈里·温斯顿买下这粒名钻，数年后再转卖给美国富豪女斯坦顿（Stanton）。这位已婚的贵妇拥有无数的著名钻石饰物，是美国社交界的风云人物。她将这粒"神像之眼"再加以装饰，以许多绿宝石和闪光钻石来衬托，使其发出诱人的光芒。斯坦顿死时已是 80 岁。1962 年 3 月，此钻在纽约被拍卖，它由一名芝加哥商人以 375 000 美元买下。1967 年拥有者将它借给戴比尔斯钻石公司在南非约翰内斯堡的钻石展中露面。最后于 1979 年在伦敦由克拉夫公司买下。1982 年

奥斯曼第 34 位苏丹阿卜杜勒·哈米德二世，曾经是此"神像之眼"的主人

作为项链坠的"神像之眼"

又在纽约大都会艺术博物馆展出，最后的主人终以高价再将此钻卖出。

8 黑色奥尔洛夫钻（Black Orloff） 黑色 垫形 67.50 克拉

相传在印度本蒂治里（Pondicherry）地区有一座神殿，殿中主神叫"梵天"，他是印度教之主神和众生之父。

这一印度神像，其眼由黑钻镶成，被叫作"梵天之眼"（The Eye of Brahma），其重是 195 克拉。

重 67.50 克拉的黑色奥尔洛夫钻

这粒黑钻，于 18 世纪时由俄罗斯一位公主拥有，当时它已被切割成为 67.50 克拉的垫状饰钻。这位俄罗斯公主姓氏为奥尔洛夫（Orloff），此钻因此得名。

由于它是世上最精美的黑钻，故曾在美国、欧洲和南非多次展出。1979 年，于纽约以 300 000 美元由收藏家买下。

9 沙赫钻（Shah） 黄色 无定形 88.70 克拉

这是一颗不经切割处理的钻石，原石重是 95 克拉，产于印度，后来经粗加工后其重是 88.7 克拉，略呈淡黄色。

1665 年时，法国旅行家和著名的钻石商人巴蒂斯特·塔韦尼耶曾到莫卧儿皇帝奥朗则布（1658 ~ 1707 在位）的宫廷中去参观和购买钻石，当年他曾见到这粒钻石。当时他看到此钻只有两个铭文的刻印，在钻石的一旁具有一条横向的切割痕迹，其四周镶有许多红宝石和祖母绿。莫卧儿皇帝一直保藏着这颗钻石，但在 1739 年，此钻被波斯王纳迪尔强抢去波斯。

此钻石共有三个不同方向的平面上刻有题字铭文，使它具有莫大的历史价值。

第一面的铭文题于伊斯兰教日历的 1000 年（相当于公元 1591 年），题字人是印度德里西

波斯沙赫钻之三面题文的外观

北方一个古老王国的巴尔汗二世（Barhan Ⅱ），他是艾哈迈德讷格尔（Ahmadnagar）的统治者。该王国于 1636 年被莫卧儿皇帝沙贾汗（Shah Jahan）所吞并。

第二面的铭文题于伊斯兰教日历的 1051 年（相当于公元 1641 年）。题字内容是"贾汉季之子，沙贾汗"。铭文人是阿格拉（Agra）城之泰姬陵之创建者沙贾汗（1628 ~ 1658 在位）。

第三面的铭文是由波斯的统治者法特赫·阿里（Fath Ali Shah，1797 ~ 1834 在位）于 1824 年所题。1739 年波斯王纳迪尔（Nadir Shah）挥军直捣莫卧儿皇帝的宫廷后，将所有的钻石都抢夺去波斯，包括这粒"沙赫"钻和"光明之山"钻。

沙皇尼古拉一世

1829 年，俄罗斯驻波斯的大使格里博耶多夫（Griboedov）被人暗杀，加上两国的许多政治矛盾，当年的波斯王为了平息沙皇尼古拉一世（Nicholas Ⅰ）的怒火，只得献上这粒钻石。这粒著名的历史名钻，今天还存放于莫斯科克里姆林宫内珠宝库中供游人参观。

10 沙贾汗钻（Shah Jahan） 淡粉红色　桌面形　56.71 克拉

　　1885 年 5 月 16 日，在日内瓦宝石拍卖会上，突然出现一粒桌面切割状的名钻。它呈六角形轮廓，其重为 56.71 克拉，尺寸是 44.6 毫米 ×33 毫米 ×3.6 毫米。这粒桌面形、淡粉红色名钻，其早年的拥有者是大名鼎鼎的莫卧儿皇帝沙贾汗。这位皇帝也是印度泰姬陵的创建者，且是印度"孔雀御座"的设计者和拥有者。

　　这位莫卧儿皇帝热爱珠宝，对爱情十分专一。他欢喜玩弄他那十二分名贵的头巾饰物。在图中，其头巾饰物中那粒祖母绿的下面镶着一粒八角形的钻石，专家们认为它就是现在的沙贾汗钻。

沙贾汗和波斯籍美丽皇后恩爱的情景

印度数世纪前的莫卧儿皇帝，正在玩弄其头巾上的装饰品，他手指上托着的八角形钻石就是沙贾汗钻

淡粉红色的沙贾汗钻外观

11　大莫卧儿钻（Great Mogul）　玫瑰形　280克拉

　　这粒大名钻于 1650 年在印度戈尔孔达地区被发现，后来被当作礼物送给大莫卧儿皇帝沙贾汗，当时原石是 787.50 克拉。

　　1665 年，沙贾汗的继承人——其第三子奥朗则布皇帝在皇宫中接见来自法国的冒险家和钻石商人巴蒂斯特·塔韦尼耶，表示极欢迎这名来自远方的商人能够观赏他收藏的钻石珍宝。塔韦尼耶往来印度和法国之间共有 6 次之多，自莫卧儿皇帝处买去许多钻石，再卖给法国国王路易十四。

　　1665 年 11 月初，莫卧儿皇帝安排皇宫珠宝首席管理官接见塔韦尼耶，首席管理官指令数名宦官托出两大盘钻石，多是已切割和打磨好的不同颜色的钻石。首席管理官首先拿给塔韦尼耶看的是一粒呈圆形玫

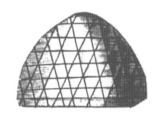

法国钻石商人塔韦尼耶在 17 世纪时描画出的大莫卧儿钻外观

画中左侧是印度莫卧儿皇帝奥朗则布。1665 年他在其宫廷中欢迎来自法国的冒险家兼钻石商人塔韦尼耶，并展示他所拥有的钻石群

瑰状的三角形小刻面钻，其外观有如半粒小鸡蛋，下部略有裂纹和杂质。

塔韦尼耶在莫卧儿皇宫共看过这粒大莫卧儿钻三次，并描画了其外形。塔韦尼耶又说明该钻部分地方缺乏光泽，看来是切割师手艺平平。

这粒巨钻后来被波斯王抢走，至今没有发现其踪迹。

12 大桌面钻（Great Table） 粉红色 长方形 242.31 克拉

1624 年，法国旅行家和寻宝者巴蒂斯特·塔韦尼耶，曾在印度德里城的莫卧儿皇宫中受到奥朗则布皇帝的邀请，参观其宫廷的美钻群。他见到其中有一粒粉红色、重约 242.31 克拉、呈长桌面形的彩钻，其原石重是 300 克拉左右。

1642 年，塔韦尼耶在印度所绘的大桌面钻外观素描

它产自印度的戈尔孔达矿。塔韦尼耶将它称作大桌面钻（Great Table），并将它的外观画成图。这已经是二百多年前的事了。

1739 年，波斯王纳迪尔征服印度德里城，在将近两个月的时间里，在城中大肆抢劫和掠夺。这粒罕有的粉红彩钻被劫去波斯，此后在世上失去踪迹。

1882 年出版的《世界大名钻》一书作者埃德温·斯特里特（Edwin Streeter）认为，大桌面钻在波斯已经被分割，被劈开成两件或多件碎块，并认为今天收藏在克里姆林宫中那粒"俄罗斯桌面"钻（Russian Table）极可能是来自大桌面钻的分割体，因为它们具有相同的颜色。

但是今天已有加拿大的钻石专家证实，在德黑兰收藏着的那

照片中间那粒宝石是俄罗斯收藏的"俄罗斯桌面"钻

粒重 188 克拉的光明之海（Darya-i-Nur）和重 60 克拉的眼之光（Nur-ul-Ain），才是由大桌面钻分割出来的姐妹钻。

13 欧仁妮钻（Engenie） 梨形　54.12 克拉

传言这粒巨钻于 1760 年产于巴西米纳斯地区，原石重量估计是 100 克拉，后来在荷兰切割加工成 54.12 克拉，有 120 个刻面，宽 20.505 毫米，长 24.2 毫米，高 11.255 毫米。此钻有一个色彩丰富的历史与旅程，也是两位女皇和皇后的至爱。

俄国的著名女皇"伟大的叶卡捷琳娜"于 1729 年出生，是一位无名气的德国王子的女儿。14 岁那年，被选嫁入俄国，成为彼得公爵的妻子。彼得的母亲伊丽莎白皇后统治国家井井有条，国势强盛。彼得继位后，成为彼得三世，但他的愚昧及欠缺政治智慧令群臣不满。彼得妒忌叶卡捷琳娜聪明能干，怀疑她对国家有野心，所以常常欺负及羞辱她。他还设计要弄走叶卡捷琳娜。幸好，叶

欧仁妮钻外观

卡捷琳娜有贵族及军人支持。1762 年 7 月，叶卡捷琳娜自立为女沙皇，彼得三世退位，就在退位后的第 8 天，他被人暗杀了。叶卡捷琳娜在莫斯科举行大典，正式加冕成为叶卡捷琳娜二世，统治俄国 34 年。

拿破仑三世的皇后欧仁妮

叶卡捷琳娜大帝登基后，在对奥斯曼帝国的战争中取得莫大的胜利，亦赢得无数的战利品和领土，当然也包括各类宝石和珍珠。这粒巨钻是大帝用来作发饰的一个主角，它也因此成为一粒名钻。

女大帝执政期间，她最宠爱的情人是波将金（Potemkin）。这位著名的战将战功炳彪，在与奥斯曼土耳其的战争中取得节节胜利，因而女大帝将这粒心爱宝物送给这位情人爱将，以铭谢其忠心功绩。当年这粒钻石被称是"波将金钻"，其价值不菲。1790 年主人死后，拥有者是他的侄女冰士其（Branitsky）女伯爵，她死后留给女儿歌卢维度（Coloredo）公主。

1848 年 12 月，一位西班牙贵族的美丽女儿欧仁妮（Engenie），在巴黎旅行时认识了已是第二共和国的总统拿破仑（Louis Napoleon），貌美如花的欧仁妮让拿破仑惊为天人。之后他称帝为拿破仑三世，与欧仁妮在 1853 年 1 月 29 日结婚，并自冰士其公主处购下那粒钻石送给皇后作结婚礼物，再将它改名为"欧仁妮"（Engenie）。这粒钻石于是镶在皇后的钻石项链中任主饰物。

1870 年，法国被普鲁士打败，第二帝国崩溃，欧仁妮逃到英国，此钻以报纸包着偷运出境。听说此钻后来以 15 000 英镑出卖，自此失去下落。失势皇后于 1920 年去世。

哪知在 1988 年，在巴黎展出"沙皇的宝藏"时，这粒失落将近一世纪的名钻再度出现，今天由印度孟买一名富豪所拥有。

14 尼扎姆钻（Nizam） 梨形 250 克拉

这粒钻石原生矿于 1835 年在印度戈尔孔达矿区被发现，原石重 440 克拉，经过粗切割后重为 277 克拉。当时的拥有者是海得拉巴地区的一位土邦主尼扎姆（Nizam）。

1847 年时加尔各答一名矿物学家亨利（Henry Piddington）曾将其外状以素描画成，当时其重是 277 克拉。

1860 年，美国一本杂志将经过再切割成为 250 克拉的这粒巨钻再次描画成图，它呈梨状。

最近证实，这粒钻石已传到尼扎姆第七代的子孙，此石曾作镇邸之用，今寄存在印度银行内。

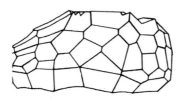

1847 年尼扎姆钻外观

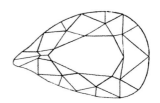

1860 年时，尼扎姆钻已经再切割，呈梨形，重约 250 克拉

15 阿格拉钻（Agra） 粉红色 垫形 32.24 克拉

1905 年 2 月 22 日，在伦敦的佳士得拍卖会上，一粒重 32.24 克拉、品质极佳、呈玫瑰粉红色的美钻在拍卖会上出现。虽然没有名称，但宝石界的权威人士已确认，它的前身是闻名于世、出自印度的阿格拉钻（Agra）。

阿格拉（Agra）是一座建于 1526 年的古印度城堡。1565 年阿克巴（Akbar）大帝击退了洛提（Lodis）王朝，占领了阿格拉城，在他执政期间，将莫卧儿帝国的行政机构自德里迁到阿格拉城，自此开始兴建皇宫。在阿克巴大帝、贾汉季（Jehangir）王和沙贾汗统治时期，阿格拉

1860 年阿格拉粉红钻的外观

被建成为极为繁荣的国都。1857 年，英东印度公司推翻莫卧儿政权，1857 ～ 1947 年印度沦为英国统治的殖民地，自此阿格拉城堡成为游客观赏地。

阿格拉城堡和泰姬玛哈陵（Jag Mahal）都位于印度亚穆纳河（Yamunā）旁，16 ～ 17 世纪的百年间由莫卧儿帝国早期数位皇帝所建，直到 1658 年奥朗则布（Aurangzeb）皇帝才迁都到德里城。

第一任莫卧儿皇帝巴布尔命令其子胡马云（Humayum）占领阿格拉城堡，也占有了这粒阿格拉钻，巴布尔将它作为头巾帽的装饰品。当时这粒粉红钻重约 41.75 克拉。它一直在印度保留到

阿格拉城中红堡内的贾汉季宫，由红色砂岩兴建，是阿克巴大帝为他儿子所建

阿格拉城之红堡的公众广场，其中央曾坐落着孔雀宝座

19 世纪，不知何因，1739 年波斯王纳迪尔没有将此钻夺去德黑兰，亦不知 19 世纪此钻如何流入欧洲。总之，1844 年 11 月 22 日，不伦瑞克（Brunswick）公爵以 348 600 法郎买入阿格拉钻，因它内部某处有一黑点，于是后来的拥有者伦敦商人将它再切割至 32.24 克拉。

在 20 世纪中叶，佳士得拍卖行在拍卖前描述它为一粒未经镶嵌之垫形、顶级、浅粉红色钻石。

一群影视名流、商业大亨以及王室成员慕名前来瞻仰名钻的芳姿。克里斯蒂娜（Christie's）拍卖行在国王大街拍卖厅中举行第一场拍卖会，阿格拉钻立刻卖了出去，其价格是 4 500 000 英镑。

16 勒让钻（Regent） 微蓝 垫形 140.50 克拉

1701 年，一名在印度帕特里蒂尔（Patriteal）矿区工作的奴隶挖到一颗重为 410 克拉的钻石原石。他决定逃出矿区，就忍痛用刀切开大腿的肌肉而将该钻夹藏之，再包上绷带逃离。他到达南

路易十五加冕时，王冠中间以勒让钻为主角

部的海岸旁时，为了尽早把钻石脱手，而将这一秘密泄露给一个英国人船长，表示愿意将钻石变卖后的一半金钱作为报酬，要船长带他离开印度。船在海上时，船长看到钻石，就将这个奴隶谋杀后抛入海中，后来以1 000英镑的价格将钻石卖给一名英国商人。这个黑心船长把钱拿去嫖赌，后来精神分裂而上吊身亡。

1702年，英国商人将这粒钻石卖给一名政要人物托马斯·皮尔（Thomas Pill），他时任印度马德拉斯（Madras）总督，以100 000美元买入，再以5 000英镑从伦敦请来一名切割专家，花两年时间将之切磨为140.50克拉的饰钻，其色呈微蓝色。

托马斯自得钻石后受流言中伤，精神紧张又怕被劫偷，最后在1717年将它卖给法国国王路易十五的摄政王。因此，此钻又被称作"摄政钻"。1722年，路易十五登基加冕时，就以此钻镶

拿破仑一世的佩剑镶着著名于世的勒让钻

在王冠上。后来路易十六的王后玛丽·安托瓦尼特（Marie Antoinette）也佩戴这粒名钻，并将之重镶。

140.50 克拉的勒让钻

1792 年，此钻和王室大部分的珠宝被偷窃失踪，后来在巴黎一破落的阁楼中找回。1797 年，法国将所有珠宝向柏林银行抵押借款。数年后拿破仑登基，将此钻石赎回，将它镶在佩剑上，象征他那"战无不胜"的信念。1825 年，此钻又在法国国王查理十世的王冠上出现。第二次世界大战后，它才由巴黎卢浮宫收藏。

17 光明之海（Darya-i-Nur） 淡粉红色 矩形 186 克拉

1739 年时，波斯侵略者在波斯王纳迪尔的率领下，自莫卧儿王朝的首都德里城夺去大量的战利品。据估计，纳迪尔掠夺了莫卧儿皇室著名的巨钻"光明之山"，昂贵无比的"孔雀宝座"，并勒索 31.5 亿卢比的现金和大量珠宝、服饰、家具及帝国宝库中的其他贵重物品。这些财物被带走时，用了 300 头象、1 万匹马和 1 万匹骆驼来作运输工具。

当年莫卧儿王室的宝物库中，包括有两粒著名的历史名钻，其一是"光明之海"（Darya-i-Nur）；其二是"月亮之冠"（Tai-i Mah）。两者的重量都超过 100 克拉，其前身据说是孔雀宝座顶端的一对孔雀眼。

"光明之海"这粒历史性名钻，至今还无法确定它准确的重量，因当年它和许多小钻共同镶在一起。不过，有人估计它重为 175 ～ 195 克拉，在 1827 年的《波斯速写》一书中，作者记述当年旅游德黑兰时，波斯王允许他审视波斯"王权标志"等物时的

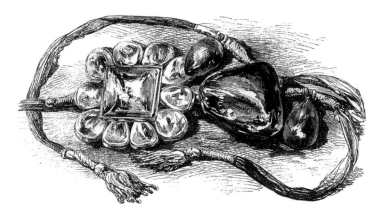

这粒矩形"光明之海"名钻，昔日曾是印度莫卧儿皇帝沙贾汗的收藏品

情况，简单介绍了"光明之海"和"月亮之冠"。这一对巨钻原是王室的一对臂镯上的饰物，其值是 100 万英镑。这位名叫马尔科姆（Malcolm）的作者，简单介绍"光明之海"呈浅粉红色，其尺寸是 41.4 毫米 ×29.5 毫米 ×12.15 毫米，完美度极佳，产自印度戈尔孔达地区。

曾经有一群加拿大的宝石专家，以科学的方法证实这粒"光明之海"应是"大桌面钻"经再分割后之钻体的一部分。

关于另一粒名钻"月亮之冠"，其重是 115.60 克拉，尺寸是32.0 毫米 ×24.3 毫米 ×4.7 毫米，呈莫卧儿式的切割法。两者都是德里珠宝库的镇库之宝，在 1739 年被波斯王夺走。

18 拿塞克钻（Nassak） 蓝色 圆形 43.38 克拉

在印度孟买市东北 180 千米处是马哈拉斯特拉邦（Maharashtra）的主要城市拿塞克（Nāsik），有人将它称为 Nassik 或 Nessuck 等。

拿塞克城崇拜印度教，印度教主神有湿婆（Siva）和喇嘛神（Rama），故城中分布着许多湿婆神庙，城郊亦分布许多建于洞穴中的湿婆神庙。早年当土邦主统治时期，此城是朝圣和礼拜的好去处，吸引了无数信徒。

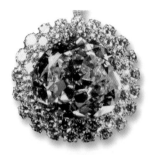

当年拿塞克城中有一座神殿，殿中湿婆的眼睛是由钻石装嵌而成，它呈蓝色，约重89.2克拉。另外一只眼睛在1818年被英格兰军人掠夺去，后来落在英国东印度公司的手中。这一三角形小刻面的蓝钻，

拿塞克钻

再以7 200英镑被出售，最后辗转由美国珠宝大王哈里·温斯顿买下，再切割成43.38克拉的饰钻。1977年最终由沙特阿拉伯国王买下。

戈达瓦里河穿插拿塞克城中，神庙中有湿婆雕像

19 印多梨形双钻（Indore Pears） 梨形 44.62克拉及44.18克拉

这对镶为耳环的钻石，净度全美，产自印度戈尔孔达地区，切割打磨后分别重是44.62克拉和44.18克拉。其拥有者是印度土邦主杜高治·华三世（Tukoji Rao Ⅲ）。

印度土邦主杜高治·华三世在 1934 年的照片，这两粒印多梨形钻就挂在他的胸前

这个土邦主极好女色，妻妾无数。他看上一名貌美的舞女，立意娶她为妃。但是舞女另有所爱，决定避走他乡。1925年一天夜晚，舞女坐车出走，土邦主得知后决定置她于死地，密令下属半途诛杀之，但是在车中只杀死一名军官，舞女则逃脱，幸免于难，最后得到孟买城一名富商的收留。

因这一事件，土邦主被迫让位给其子，再出走到美国和一富家女南希·米勒（Nancy Miller）结婚，并以这对钻石作礼物。

1946 年，这对钻石由珠宝大亨哈里·温斯顿收购。最后于1980 年在拍卖会中以 7 311 764 美元卖给一位收藏家。

印多梨形双钻耳环外貌

20 德烈斯切科钻（Tereschenko） 蓝色 梨形 42.92克拉

这粒蓝色巨钻，究竟是产自印度砂矿还是南非的普雷米尔矿，难以追究。只知 1917 年前，这粒名钻的拥有者是俄罗斯糖王德烈斯切科（Tereschenko）家族。但是在俄国十月革命的前夕，这粒名钻已被糖王家族成员秘密地偷运出国，此后在欧洲出现，并经多次转卖。

这是一粒罕有又切割完美的饰钻，后来被断定来自印度，因在日内瓦拍卖之前，此石的来源和特性已由美国宝石学院所鉴定。

1984 年 11 月 14 日，在日内瓦里什蒙（Richemond）酒店的舞厅中，坐满来自世界各地的富豪们，他们都打算拥有这粒世界稀有之名钻，场面充满激烈的气氛。拍卖会主席宣布竞投这粒蓝色名钻时，宣布竞

重量为 42.92 克拉的德烈斯切科钻

投叫价是 3 000 000 瑞士法郎，在 4 分钟中竞价已急升到 6 500 000 瑞士法郎。不久，在大厅后面有人叫价 10 000 000 瑞士法郎，一名陌生的沙特阿拉伯商人拍得此钻。

21 尤里卡钻（Eureka） 黄色 垫形 10.37克拉

这粒钻石具有历史传奇性，它是在南非发现的第一粒钻石。1866 年，一个年轻的牧羊人在霍普镇（Hope Town）一带的奥兰治河旁，拾到一块重 21.25 克拉的黄色钻石晶体，后来切割成 10.73 克拉的饰钻。

当年在确定该石头是否是钻石时，曾将它向着玻璃窗划下来，最后留有一道清晰的划痕。那扇玻璃窗已在南非议会大厦中长期展出。

后来英国驻好望角的总督以 500 英镑买下这件钻石原坯，再送到伦敦去切磨，成品是10.37 克拉的黄色多面钻。

重 10.37 克拉的尤里卡钻，呈黄色

22 南非之星（Star of South Africa） 梨形 47.75 克拉

1869 年，一名叫布埃（Booi）的牧羊人，无意中看到一粒会闪亮的小卵石，其重是 82.5 克拉，他随手放入袋中。

布埃曾试过要将小石交换住宿，都被婉拒。他找到沙尔克·范尼凯克（Schalk Van Niekerk），此人是两年前发现南非第一粒钻石尤里卡钻（Eureka）的识货人。沙尔克·范尼凯克决定倾尽所有财产和布埃交换这粒小卵石，代价是 500 只山羊、10 头牛、1 驾马车和 1 间住房。

范尼凯克最后把此石以11 200 英镑卖给开普敦国际财团。这粒钻石后来在南非国会大楼展出。

1870 年，伦敦一名工匠把它买下，切磨成一粒重 47.75 克拉、梨状、明亮型钻石，再以

重 47.75 克拉的南非之星，图中作为项链之坠

125 000 美元卖给一名收藏家。1974 年，此钻以 500 000 美元再度卖出。

23 蒂凡尼之钻（Tiffany） 黄金色 垫形 128.51 克拉

这是一粒金黄极美丽又会出"火"的饰钻。其名字来自其拥有者，美国著名珠宝公司的主人查尔斯·路易斯·蒂凡尼（Charles Louis Tiffany）先生。自 19 世纪末，这家公司买入了法国王室的许多珠宝，也自南非钻石矿买入许多美钻，其知名度在世上响当当。

1877 ~ 1879 年，在南非金伯利矿发现一粒其色罕有而呈金丝雀黄色的原石，其重 287.42 克拉，后来被切割成一粒重 128.51 克拉并具 90 个小刻面的饰钻，还出现了"火彩"似的闪亮光泽。

金丝雀黄色的蒂凡尼之钻，闪现"火"的光泽

1879 年，蒂凡尼公司以 18 000 美元的高价购入之，这是一次冒大风险的决定，因为如果金伯利钻石矿以后出产许多这种颜色的原石，蒂凡尼公司将亏大本。庆幸的是金丝雀黄的颜色至今仍极为罕有，使这粒钻身价百倍，更成为蒂凡尼公司的镇店之宝。

1951 年，有人出价 500 000 美元求购不成。1973 年叫价已增到 1 000 000 美元。至 1983 年，它已增值到 12 000 000 美元了。

24 维多利亚钻（Victoria） 椭圆形 184.50 克拉

这粒原石在南非发现，它呈八面体和白色外观，发现时间是 1884 年 8 月 20 日，当时原石重是 457.50 克拉。

此原石于 1887 年在阿姆斯特丹切割后，重为 184.50 克拉，具有 58 个小刻面，尺寸为 39.5

维多利亚钻出土后的外观

这位印度海得拉巴地区的土邦主尼扎姆购买这粒巨钻时，被称为世上最富有的人

毫米 ×30 毫米 ×2.3 毫米，呈椭圆形，由葡萄牙首都里斯本的王室珠宝库所拥有。

此钻后来由印度海得拉巴地区富甲天下的土邦主尼扎姆所拥有。今天它由私人收藏家所收藏。

25 优越者 1 号钻（Excelsior I） 蓝白色 梨形 69.68 克拉

1893 年 6 月 30 日下午，在南非亚赫斯方丹（Jagersfontein）矿，一名工人发现一块会闪光的石头。他猜测是一粒钻石，立即拾起交给矿场经理。由于他的诚实，他取得 500 英镑和一匹马的回报。

这块蓝－白色原石，重是 995.20 克拉，故此以"优越者"

(Excelsior) 这个突出又优雅的名字来称呼它。

　　这一钻石原石用船运到伦敦，打算寻求买家，大概因它尺寸大如蛋又罕见，竟长久无人问津，最后在1903年，拥有者决定将它分割成小件，再分开出卖。于是在阿姆斯特丹将它分切为11件，琢磨后的重量

优越者1号钻石原生矿外观示意图

由9.82克拉至69.68克拉不等，其中8件呈梨状，3件呈圆形，分开出卖之。

　　有权威人士认为，这粒重995.20克拉的钻石最后被分割为11件饰钻，仍是分割师的错误判断。更有人认为这块原石在切割时发现了黑色的包裹物，无法取到令人满意的克拉数。

优越者1号饰钻外观

26 朱必利钻（Jubilee） 垫形 245.35克拉

　　它是世上第六大已切磨的钻石，又叫庆典之钻。1895年末，

朱必利钻原生矿外观示意图　　　　　　　朱必利钻，重 245.35 克拉

在南非奥兰治自由州的著名矿床亚赫斯方丹（Jagersfontein）发现了一颗重 650.80 克拉的原石，它呈不规则的八面体。为了对奥兰治自由州州长弗朗西斯·威廉姆·赖茨（Francis William Reitz）表示敬意，它被命名为赖茨（Reitz）钻。

1896 年，该钻原石被送到荷兰阿姆斯特丹去切割，劈开后成两件，小一点的一块重 40 克拉，被切割成一梨状、重 13.34 克拉的饰钻，由葡萄牙的国王卡洛斯一世（Carlos I）买下，当作送给王后的礼物；另一块大一点的则被切割成重 245.35 克拉、垫形的饰钻，本来计划将它作为礼物送给英国维多利亚女王，以庆祝她登基 60 周年的纪念，但不知何故，这粒命名为"庆典之钻"的钻石最终并没有送出。

这粒钻石是用玫瑰形与明亮式切磨结合而成，桌面用八星代替平面，共有 88 个小刻面。这种前所未有的切工，被称为"朱必利（Jubilee）切磨"。

27　红十字钻（Red Cross）　淡黄色　垫形　205.07 克拉

这粒金丝雀黄呈垫状饰钻，于 1901 年产于南非的戴比尔斯矿区，原石重 375 克拉，后切割成 205.07 克拉。这一年在同一矿区亦发现一粒重 307 克拉的大型原石。可以说，这是一粒金丝雀黄之典型钻石。

这粒钻石原由伦敦红十字
会所拥有，它在阿姆斯特丹切
割，呈方形状，有许多刻面，
色泽鲜艳，在人造光下呈现鲜
艳的光亮。当它暴露在极夺目
的光线下会吸收光线能量，更
会在黑暗中发光。再者，观察

重 205.07 克拉的黄色红十字钻

此钻石时，其上部的刻面呈现马耳他十字形。

1973 年这颗巨钻在东京被拍卖，最高的叫价是 820 000 英镑。
最终被迫收回，因为拍卖会预定其底价是 2 000 000 英镑。今天其
拥有者是谁无人知晓。

28　积架 1 号钻（Jonker Ⅰ） 祖母绿型　125.65 克拉

积架（Jonker）在 20 世纪初是南非一名职业性的钻石挖掘者，
曾用 18 年的时间在许多钻石开采权利区从事开钻工作，但是他运
气不佳。他育有 7 个孩子，家境清贫。他最后开钻的权利区是伊
莱恩德斯高腾（Elandskontein）这一地域。它位于南非的行政首
都比勒陀利亚以东 40 千米，但它和普列米尔钻石矿只距 4.8 千米
之遥。积架的运气就是从这里开始的。

左是积架原石，右为一枚大鸡蛋

重 125.65 克拉的积架 1 号钻

1934 年 1 月 7 日，黎明前的一阵雨浇湿了大地，积架已感到信心缺乏又缺运气，决心留在家里休息。他已经 62 岁了。他交代其子格特（Gert）和两名黑人雇工到权利区去采钻。在工作中，一名黑人雇工在木桶中挑选大堆的矿石时突然停下双手，直瞪瞪地盯住一粒蛋大的矿石，他一声不响地跑到溪水旁用刷子猛刷这粒砾石，之后他把帽子抛向半空，大喊"我的神，已找到一粒钻石了！"于是他立刻跑到格特面前展出该石。格特原先以为是块玻璃，之后才认为是块钻石。他立刻跳上自行车，回去告诉父亲。这时的积架简直不敢相信自己的眼睛，他立即双膝跪地感谢神灵的保佑。

这粒积架原石，比鸡蛋更大，其尺寸是 63.5 毫米 ×31.75 毫米，重 726 克拉，外观如冰一样。

隔了一天，积架要出发到城中去找买家，于是将钻石交给妻子保管。这个聪明的女人把钻石装在一条长的羊毛袜内，再将此袜当成围巾而绕在脖子上。她睡到床上去躲藏数天，直到丈夫回来才放心。

最后，积架将这粒原石卖给一家钻石公司，售价是 315 000

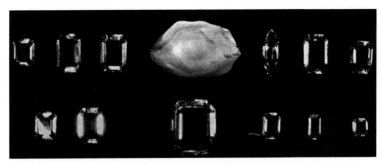

积架钻原石和 12 粒积架姐妹钻

美元。之后积架一家远走高飞了。据说这家钻石公司后来再以 700 000 美元的价格将钻石卖给美国大珠宝商哈里·温斯顿。

此钻石的发现风靡了全欧美，珠宝商哈里·温斯顿在伦敦将它买下，再以船将它运到纽约的自然历史博物馆去展出，当时万人空巷去见识这一著名的原石。两年后，哈里·温斯顿要求切割专家将它解体，得到的最大的一粒饰钻，其重是 142.96 克拉。也许有缺陷，最后又切割成 125.65 克拉、具有 58 个小刻面之祖母绿型的饰钻，它被命名为"积架 1 号"（Jonker Ⅰ）。其余的碎块则被琢磨成 11 颗不同形态的姐妹钻。

这粒著名的积架 1 号钻，于 1949 年由埃及国王以 1 000 000 美元购去。后来它的拥有者是尼泊尔王国的王后拉特纳（Ratna）。1979 年，这粒钻石在香港以 225 940 000 港元被不知名的买家购去。

29 威廉森粉红钻（Williamson Pink） 粉红色 圆形 23.60 克拉

威廉森（Williamson）是一名地质学博士，中年时到非洲的坦桑尼亚去发展，他深信这个国家埋藏着极丰富的宝石资源。

这位威廉森，1907 年在加拿大出世，是一位追逐财富的冒险家，终身未婚。他大学毕业后，曾在非洲南部一些国家寻找钻石矿。他只身历尽艰辛，长时间在荒凉山区奋斗，直到顽病缠身后还没有找到理想的钻石矿。

就当他几乎绝望的时刻，终于在 1940 年，在坦桑尼亚希尼安加（Shinyanga）地区和同伴野外露营时，不经意中发现了一粒重 54.5 克拉的粉红色钻石原石。他十分慷慨，将这粒钻石送给当时将结婚的英国公主伊丽莎白作结婚礼物，她就是今天的英国女王伊丽莎白二世，她把这一美钻镶在一胸针上，并经常佩戴。

在发现了威廉森粉红钻之后，威廉森最后终于发现了钻石的原生管状矿床，这一矿床后来被命名为威廉森管状矿。这个矿床

加拿大地质学博士威廉森拥有许多坦桑尼亚出产的钻石，当年他富甲天下

威廉森粉红钻，是当今英国女王常佩戴的胸针

面积约有 146 万平方米，其规模扬名全球。这一矿区当年宛如一个钻石王国。

如今，他送给英国女王伊丽莎白二世的这粒 23.60 克拉的粉红色饰钻，其价值已达 20 000 000 美元之巨了。

30 温斯顿钻（Winston） 蓝白色 梨形 62.50 克拉

1952 年，在南非亚赫斯方丹（Jagersfontein）钻石矿中发现了一颗重为 154.5 克拉的原石，其后由当时的钻石大王哈里·温斯顿买下。温斯顿于 1954 年将它切割琢磨成梨形，并以自己的姓氏给它命名。

1959 年，这粒蓝－白色的饰钻由一位阿拉伯的苏丹以 600 000 美元买下。但一年多后，他到美国将此钻退交温斯顿，解释说，我总共有四个妻子，这一粒钻石引起太多的麻烦，简直无法安宁。你是否有另外三粒和这粒相似的钻石？如果没有，请你再买回这钻石。

之后，哈里·温斯顿将这粒完美的钻石用作国际展览以增加其知名度。

数年后，大名鼎鼎的钻石大王被请去为一颗重为 59.46 克拉的梨形钻作估价时，发现这粒钻石和自己拥有的温斯顿钻在切割法和质地方面都极为相似，他便将它买下，并把两粒美钻组成一对耳环，卖给一位加拿大巨贾。1980 年，这对耳环在瑞士日内瓦被拍卖，成交价 7 300 000 美元。

31 大菊花钻（Great Chrysanthemum） 啡橙色 梨形 104.15 克拉

1963 年产于南非，原石重 198.28 克拉，色彩呈橙－黄金色。由美国纽约的商人朱利叶斯·科恩（Julius Cohen）买下，再切割琢磨成重 104.15 克拉的梨形钻。其长为 1.54 英寸（约 39 毫米），宽 0.98 英寸（约 25 毫米），厚 0.63 英寸（约 16 毫米）。它共有 189 个小刻面，切割后呈现出非常迷人的啡橙色。拥有者将它在美国展出，1971 年更曾在南非金伯利作长期的展览。

重 62.50 克拉的温斯顿钻

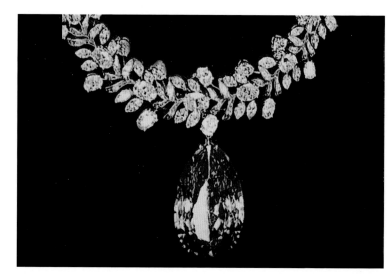

大菊花钻项链的外观

后来的拥有者用此名钻作为项链的胸坠，并用 410 粒黄金色、呈椭圆形和两头针状的钻石群来衬托之。此钻今由私人收藏家拥有。

32 **地球之星**（Earth Star） 褐色 梨形 111.59 克拉

1967 年 5 月 16 日，在南非亚赫斯方丹（Jagersfontein）钻石管状矿的油床选矿台上，发现了一颗重 248.90 克拉、呈深褐色的钻石原石，它来自管状矿下距地面约 762 米的深处。亚赫斯方丹向来出产许多高品质又巨型的原石，但出产这颗高品质又深褐色者，则属少见。

纽约的梅瑟·鲍姆哥德

重 111.59 克拉的"地球之星"

（Messrs Baumgold）兄弟将原石买下，并切割琢磨成一粒梨形、重 111.59 克拉的饰钻。由于它的色泽光彩鲜艳，被美国珠宝界誉为"地球之星"。这粒巨型的梨形钻，曾在南非各地巡回展览，使其名气大增。最后于 1983 年由美国佛罗里达州的商人斯蒂芬·兹博拉（Stephen Zbora）以 900 000 美元将它购下。

33 莱索托 1 号（Lesotho I）祖母绿型 71.73 克拉

莱索托（Lesotho）是南部非洲的一个小王国，早年称为巴苏陀兰（Basutoland）。1967 年 5 月 26 日星期五，38 岁的掘钻者佩特鲁斯·拉马博（Petrus Ramaboa）的妻子竟然发掘到一颗重 601.26 克拉的原石，它呈褐色，但属宝石级。

拉马博夫妻手持着莱索托钻原石合照

掘钻者佩特鲁斯·拉马博算是一名幸运者，他刚发现了数粒原石，其中包括一粒重 24 克拉者。他正打算步行 225 千米去城中出卖这些钻石时，其妻子在筛选砾石时发现了这颗原石。尽管当时此原石并不鲜明，还挺阴暗，但她立即认出它是一颗钻石。她一声不响地将它放入衣袋中，借口不舒服回家，然后换衣离开简

劈开后的莱索托钻原石

陋的小屋去和丈夫会合。两人决定持石直奔首都马塞卢（Maseru）。经过四天四夜的步行，到了首都时两人口袋中已所剩无几。在首都，两人会见了许多著名的买家和政府人员，这一消息立刻轰动全世界。在美国的钻石大王哈里·温斯顿知道了这一消息，立刻果断地高价买下这一褐色巨粒，并请两人到美国去看他的珠宝公司如何切割这粒巨钻。

　　哈里·温斯顿的钻石切割工场将莱索托钻原石劈开后，切割琢磨成 18 粒饰钻，最大的一粒有 71.73 克拉，为祖母绿型；第二大的一粒有 60.67 克拉，为祖母绿型；第三大的有 40.42 克拉，为橄榄核形。此外，还有两颗十几克拉的梨形钻。

34　狮子山之星 1 号（Star of Sierra Leone Ⅰ）
祖母绿型　143.20 克拉

　　1972 年在塞拉利昂的狮子山钻石选矿场，一名技工发现选矿机的油层上出现一大块冰状的闪光体，其重为968.9克拉，其尺寸是63.50毫米×38.10毫米，大小如鸡蛋，此石被命名为"狮子山之星"（Star of Sierra Leone）。

这颗原石，其大小仅逊于库里南原石和优越者原石。这一颗原石，在某些位置上染有小黑点，并非十分完美，经数次竞投拍卖都不成功，后来由美国纽约的珠宝商哈里·温斯顿冒险将之买下。

这粒狮子山之星原石，是至今采自冲积矿中之最大者

这位哈里·温斯顿，专职采购和切割世界上最大又著名的钻石，当年被称是"钻石大王"。例如，积架钻、瓦尔加斯总统1号钻和莱索托钻等都由他主持购入和切割。还有一些历史性名钻的买卖，也是他的杰作，例如希望蓝钻、尼泊尔之钻（Nepal）、葡

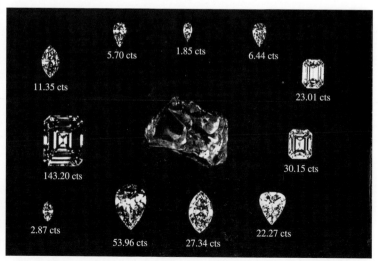

中间是狮子山之星原石和劈开后其碎片切割而成的饰钻，最大者重143.20克拉

萄牙人之钻（Portuguese）和东方之星钻（Star of the East）等。

这颗重为 968.9 克拉的原石在纽约切割，解体成 11 件碎块，其中最大的一粒重 143.2 克拉，以祖母绿型切割琢磨。但十分不幸，这钻内部竟含有许多微小的包裹体，会影响其价格。于是，哈里·温斯顿再次要求将之解体除去内含物，它又分割成 7 粒饰钻。这次哈里·温斯顿可谓是赔了夫人又折兵。

在 968.9 克拉的原石切割后，除 143.2 克拉的那粒外，还有一粒重 53.96 克拉的饰钻。哈里·温斯顿这一桩生意翻了跟斗，幸好其他细钻全部卖出。

总之，这颗原石共被切割琢磨成 17 粒饰钻，最大者重 53.96 克拉，最小者为 1.85 克拉。

35 无与伦比钻（Incomparable） 黄色 梨形 407.48 克拉

1980 年在刚果共和国发现了一颗重 890 克拉的钻石原晶矿。

刚果一个小女孩和几个小孩在自家房屋附近的碎石和泥土堆中捉迷藏。小女孩不慎跌倒，竟在脚下发现一块闪亮的大"玻璃"，于是拾起放在口袋中充当玩具。后来女孩的舅父认为这颗石头颇有来头，辗转卖给识货人，最后由戴比尔斯公司收购，并在华盛顿的宝石博物馆展出，轰动一时。

1984 年，由著名的切割专家负责切割此石。这颗重 890 克拉的钻石，形状参差不齐，一边厚一边薄，外皮粗糙，有裂纹。但在磨去表皮部分后，发现它的内部非常纯净，连一点内含物都

重 407.48 克拉的无与伦比钻和其原石的外观

没有。它有不同的色带，证明它原本是无色的，后来由于地球环境的变动，加了一层浅黄色，然后再一层啡黄色。除去外层，内部却是一颗中等浓度的黄色钻石。几经辛苦，取出了这粒重407.48 克拉的名钻和其他 14 粒小饰钻。

1988 年，纽约佳士得拍卖行打算将它拍卖，底价是 20 000 000 美元，但只有一名瑞士富豪出价到 12 000 000 美元。虽然交易失败，但出价也破了世界纪录。

36　大非洲心（Grand Coeur Da Frique）心形　70.03 克拉

1982 年春季，一粒重 278 克拉的钻石晶体在南部非洲的几内亚出土，具体地点在首都科纳克里（Conakry）以东 645 千米处。

在伦敦的珠宝商克拉夫（Graff）将它买下，并派人送它到纽约切割。这一原石共被切

大非洲心

割成 3 粒饰钻。第一粒呈橄榄核状，重为 14.25 克拉，当时即在纽约被卖出；第二粒切割成完美的心形，重 25.22 克拉，用作颈坠；第三粒是重头戏，被切割琢磨成心形款式，刻面布置十分完美，其重是 70.03 克拉，名称是"大非洲心"（Grand Coeur Da Frique）。它后来用作一高级颈链的胸坠，周围有 70 克拉小型心形钻来衬托之。

1983 年 8 月，有新闻报道两位亿万富豪有兴趣购买这粒重70.03 克拉的心形钻，作为礼物送给他们美丽的妻子，听说竞争相当激烈。直到同年 12 月，克拉夫将它卖给另外一位不愿透露姓名的买家。

37 世纪之钻（Contenary） 现代花式 273.85 克拉

　　1986 年 7 月 17 日，在南非的普雷米尔钻石矿发现了一颗清澈如水又纯净的巨钻，这一原石重 599 克拉。当时戴比尔斯集团把此消息封锁起来，没有露出半点风声。

　　1988 年 3 月 11 日，在戴比尔斯集团成立 100 周年的庆典上，到金伯利参加宴会的达官贵人有 400 名左右。主席汤普森（Thompson）致欢迎词，在发言的结尾他出人意料地公布：戴比尔斯集团发现了一颗重 599 克拉的巨钻，该钻成色绝佳，不愧是最大的顶级钻石之一。在此百年庆典之际，"世纪之钻"便是她的芳名。

　　戴比尔斯集团聘请世界上最著名的切割师、犹太人加比·托库斯基（Gabi Talkowsky）来主持这艰巨的切割工作。于是有史以

切割时用夹具夹住 599 克拉重的原石

具有 247 个小刻面的世纪之钻

来，人类凭借高科技在钻石上进行最壮观的工程就以这颗"世纪之钻"拉开帷幕。

加比·托库斯基从安特卫普搬到约翰内斯堡。戴比尔斯集团召集了一大队工程人员由他指使，召集大量的警卫保安将工作室一带包围得滴水不漏，因为他们怕歹徒绑架切割师夫人，会威胁切割师拿钻去赎人。

加比·托库斯基的祖辈马赛尔·托库斯基，在1914年发表了一篇学术论文，提出了一种将钻石的折光率达到极致的切割理论，这一理论使他成为对钻石之现代多面切割法的祖师爷。而他研究出来的58面切割法加上切面之间特定的角度，就是多面切割法的基石。

作为马赛尔·托库斯基的孙辈和学生，加比·托库斯基本人也发明过数种钻石的切割法，其中就包括有戴比尔斯集团专用的花形切割系列。

加比·托库斯基经过了一年的时间观察和详细研究这颗原石，觉得其切割难度极大，钻石里有一大裂痕，此裂痕终端向外发散着一群微小的裂痕，每条小裂痕的旁边都依偎着一个小气泡。他感到心寒，最后只得用双手和传统的工具来除掉裂痕。这一干花去了半年，才把原石磨掉了 80 克拉的重量，这时原石已呈鸡蛋大小的球体，重量约在 520 克拉左右。

加比·托库斯基用塑料树脂以人工制造出 40 多个不同设计的透明模型，其中包括心形、梨形、圆形、椭圆形等应有尽有，最后由当年担任英国首相的撒切尔夫人选定出其设计的花款。

1990 年 3 月，这颗呈鸡蛋状、重 520 克拉的钻石毛坯要正式加工了。为了要在切面上创造奇迹，大家心情紧张又忐忑不安，听说加比·托库斯基把抛光工作比作上刑场。这一抛光工序共花去了一年的时间。

总共经过了三年。这粒"世纪之钻"堪称不朽杰作，是大师级切割师创造出来的稀世珍品。它不只是一个人呕心沥血造就的奇迹，更是一个杰出的犹太人钻石世家祖祖辈辈积淀下来的智慧结晶。这粒巨名钻，其切面结构十分完美，其造型之复杂、折光率之高无不令人折服，光线照在它的表面后自然会围绕着它跳跃闪烁。它的上半部分有 75 个小刻面，下半部分有 89 个小刻面，在腰部则有 83 个美不胜收的小刻面，总共计有 247 个小刻面。

在"世纪之钻"的揭幕庆典中，戴比尔斯的总裁骄傲地说道：无价之宝除了她还有谁？！

戴比尔斯集团为她投保的金额高达 10 亿美元。

38 黄金佳节钻（Golden Jubilee） 黄褐色 玫瑰-垫形
545.67 克拉

这颗极具闪光的金棕色钻石原石于 1986 年在南非的普雷米尔矿被发现，其重是 755.5 克拉，呈天生的棕色。

其切割师是闻名于世的加比·托库斯基。他于 1988 年 5 月开始动手切割，一个月后，磨掉了差不多 60 克拉的毛坯，暂名"棕

黄金佳节钻，当今世上最大粒饰钻，它在南非的普雷米尔矿被发现，呈金黄色的外观，其重 545.67 克拉，现镶于泰国国王的权杖上

色的无名氏"和"丑小鸭"。托库斯基花了一年的时间，将它加工为玫瑰-垫状形，使它由原来的"丑小鸭"变成"白天鹅"。切割师使其从内部焕发出神秘的光芒，待到它破茧而出以后，终于金光四射。这粒已是成品的饰钻，重 545.67 克拉，体积变成 51.08 毫米 ×47.26 毫米 ×33.50 毫米，共有 148 个小刻面。它虽然比库里南 1 号钻略重，但品质和透明度则差一些。

　　2000 年时，泰国国王普密蓬（Bhumibol）要庆祝他即位 50 周年，人们都知道泰王和王后诗丽吉（Sirakit）参观过这粒宝钻的展出并当场赞不绝口，于是泰国的商人就决定集资购买这粒钻石送给国王，作为泰国人民送给王室的礼物。2000 年，由公主代表其父王接受了这粒著名巨钻，并定名为黄金佳节钻，镶在泰王御座上，收藏在王室博物馆中。

39　千年之星（Millennium Star）梨形　203.04 克拉

　　1999 年，在刚果境内的冲积矿床下发现一颗重 777.00 克拉的

重 203.04 克拉的千年之星

冲积型钻石原石，最后的拥有者是戴比尔斯集团公司，他们将此石用来庆贺公元 2000 年的降临。

由于在冲积矿床中发现此原石，于是引来无数想发横财的寻宝者，令刚果一时热闹起来。

此石最早在比利时切割，在纽约完成最后打磨，最大一粒重 203.04 克拉，呈梨形。钻石界人士认为它是世上有史以来最完美的巨钻之一。

40　澳烈钻（Allnatt） 极黄 垫形　102.09 克拉

这粒黄色彩钻，原产地是南非的戴比尔斯钻石矿。原石重量不详，它原来的拥有者是一名运动健将，名字是阿尔弗雷德·埃内斯特·澳烈（Alfred Ernest Allnatt），于是按主人的姓氏命名。

20 世纪 50 年代，澳烈委托佳士得将这粒彩黄钻设计镶嵌成为一朵夺目的花胸针，此钻四周由十多

重 102.09 克拉、呈强彩黄的澳烈钻

枚重量 10 多克拉的钻石来衬托。1996 年佳士得在日内瓦拍卖此钻，售出价是 3 043 496 美元，创下当年的骄人价格。

41　葡萄牙人之钻（Portuguese） 淡黄色　八边形　127.02 克拉

这粒钻石于 1725 年时在巴西被发现。

葡萄牙人统治巴西，至巴西在 1822 年宣布独立的这段时间里，葡萄牙王室自巴西的钻石矿开采中掠夺到莫大的财富，尤其是重量大于 20 克拉的钻石。

这粒著名巨钻，早年以祖母绿型切割成 150.0 克拉的饰钻，最先是由葡萄牙王室所拥有，1910 年时葡萄牙成为共和国，末代国王曼努埃尔二世

这粒葡萄牙人之钻，于 1963 年由美国珠宝大王哈里·温斯顿将它捐送给华盛顿的宝石收藏馆作永久展览

(Manuel II) 被流放，这粒巨钻被其后来的拥有者重新切割成垫形，其重减至 127.02 克拉。根据 1928 年 3 月纽约报纸消息，它的拥有者是一名富婆，她喜欢收藏巨钻。1951 年美国珠宝大王哈里·温斯顿将它收购并在其美国的珠宝店展出。1957 年一位国际实业家将它收购，但经 5 年后，哈里·温斯顿再将它购回，最后将它捐送给华盛顿的宝石收藏馆作为永久展览。

这粒巨钻的尺寸是 32.75 毫米 × 29.65 毫米 × 16.01 毫米，是一粒十分完美又透亮的瑰宝。

42 南方之星（Star of the South） 淡粉褐色 垫形 128.80 克拉

得到一粒钻石，往往就得到巨大的财富。历来在钻石矿中工作的打工仔或奴工，不乏将找到的钻石原石偷偷据为己有的例子。他们想出各种法子偷走钻石原石。比如有的矿工把钻石原石藏在袖子里、耳朵里，或者用脚跟踩一下，使钻石原石嵌进靴底；有的矿工把十字弓弩拆成零件设法带进矿区，他们把箭杆掏空，填上钻石毛坯，偷溜到海滩上，夜色降临后就把箭射到栅栏另一边矿区以外的地方，同谋们会把箭取走。有的矿工训练鸽子偷运钻石毛坯，还有的甚至将钻石毛坯吞进胃里，用身体偷运。

早年钻石工人要赤裸全身接受检查，然后才允许回家去休息

针对层出不穷的偷钻手段，矿主除了严加审查、严厉惩处之外，亦给予诚实上交钻石的矿工以奖励，而诚实的矿工也不乏其人。"南方之星"巨钻就是诚实的矿工主动交出来的。

早在 1850 年，一个其名不详的黑人女奴隶，在巴西的米纳斯吉拉斯州（Minas Gerais）的一个钻石沉积矿床中工作时，捡到一粒重 254.50 克拉的钻石原石。这粒巨钻后来被葡萄牙人改名为"Estrels do Sul"，意为"南方之星"。当年，在米纳斯吉拉斯州发现了许多著名的钻石。

根据巴西古老的传统，拾到巨钻的黑奴如将钻石主动交出，将取得自由和一笔养老的

这名印度土邦主米尔哈·拉奥是 19 世纪一名重要的钻石收藏家，亦曾是"南方之星"的拥有者

抚恤金。这名女奴当然也不例外。

女奴主人对此钻估价不高，只以 3 000 英镑卖出。许多买家将此钻分别转卖，后经专家鉴定，最后送到荷兰去切割，之后加工为 128.8 克拉的椭圆形饰钻，其纯度极高，尺寸是 35 毫米 ×29 毫米 ×19 毫米，反射性十分完美。此钻曾于 1862 年在伦敦展出，1867 年又在巴黎展出，使此钻知名度大增，售价亦飞涨至 100 000 英镑以上。

欧洲诸王室和美国珠宝商对此钻虎视眈眈，但它后来的拥有者先后是印度一名土邦主和印度的总督诺思布鲁克勋爵（Lord Northbrook）。最后拥有者是孟买一名巨贾拉斯托姆吉·贾姆斯吉（Rustomjee Jamsetjee）。

43 英国德累斯顿钻（English Dresden） 梨形 76.50 克拉

这粒钻石 1857 年在巴西米纳斯吉拉斯州（Minas Gerais）一条河流中被掘到。在被掘处，年前亦发现一粒名叫"南方之星"的名钻。

发现时原石重是 119.50 克拉，由伦敦送到荷兰去切割，得到重 76.50 克拉的梨形钻，此钻无色又无瑕疵，外表十分美观。

这粒巨钻的主人是伦敦天恩寺街（Gracechurch）的爱德华·Z. 德累斯顿（Edware Z Dresden），故被取名"英国德累斯顿钻"。

这粒梨形钻十分透明完美，当年欧洲不少王室都有意采购拥有之，主人开出的价格是 40 000 英镑。一名印度棉花商 1863 年特地远赴英伦去观赏这

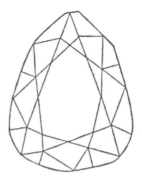

19 世纪中叶，经切割后的英国德累斯顿钻的外观示意图

粒名钻，但一下凑不到足够的资金来买这粒心头好。不久美国爆发内战，他拥有的棉花股票直线上升。他向一名孟买的代理商表示打算购买这粒名钻。这名无良的代理商诱劝德累斯顿以 32 000 英镑出卖此钻，又向棉花商表示卖主要以 40 000 英镑出售之，代理商于是赚了 8 000 英镑。棉花商拥有此名钻不久，棉花股票直线下泻，他因而离世。最后，其家人只得将此名钻卖给当地一名贪婪的宝石收藏家来还债。此名钻今还在印度由私人收藏着。

44 瓦尔加斯总统 1 号钻（President Vargas Ⅰ）
祖母绿型　44.17 克拉

1938 年 8 月 13 日，在巴西圣安东尼奥河（San Antonio）河畔靠近米纳斯吉拉斯州的科罗曼德尔（Coromandel）区域之钻石堆积矿床中发现了一粒重 726.60 克拉的钻石原石。据说，这一堆积矿区曾先后发现数粒大型的钻石。

两位采钻的幸运者，其名是若阿金·贝南西亚·蒂亚戈（Joaquim Venancjd Tiago）和马诺埃尔·米格尔·多明格斯（Manoel Miguel Domingues）。在河畔，他们的足趾踢到这粒原石，随后以 56 000 美元将它卖给一名钻石经纪人。后者将此原石带到安哥拉的贝洛奥里藏特（Belo Horizonte）城，再以 235 000 英镑卖给一名商人，这名商人又将它卖给荷兰阿姆斯特丹的荷兰联合银行。之后拥有者将它命名为"瓦尔加斯总统钻"，以表示对巴西 1930 年至 1945 年的总统瓦尔加斯（Getcilio Dornelles Vargas）的敬意。

瓦尔加斯总统钻发现后，美国著名珠宝商哈里·温斯顿一听

重 44.17 克拉的瓦尔加斯总统 1 号钻

到消息，即刻飞到巴西，以 600 000 美元将它买下。

1941 年，这粒原石被切割。不知何故被切成 29 粒，总重量是 411.06 克拉，其中最大者重 48.26 克拉，呈祖母绿型，由得克萨斯的一名油商购去。后来哈里·温斯顿又将它再买回来，再琢磨成 44.17 克拉，而其他各钻的重量在 18 克拉到 31 克拉之间。

45 眼之光（Nur-ul-Ain） 粉红色 椭圆形 60 克拉

这粒伊朗著名钻石的英文名是"Light of the Eyes"，即"眼之光"。它呈粉红色，椭圆形状，重 60 克拉，被镶在一冕状头饰的中央作为主角，这一头饰是由珠宝商哈里·温斯顿设计和制造，作为末代伊朗国王穆罕默德·礼萨·巴列维（Muhammad Reza Pahlavi）在 1958 年加冕时送给王后的礼物。头冕中央是这粒 30 毫米 ×26 毫米 ×11 毫米的粉红钻，其周围由 323 粒各种彩钻，包括黄色、粉红色、蓝色和白色的钻石围绕，其中多数重量为 10 ～ 20 克拉。

"眼之光"钻和"光明之海"钻的颜色和清晰度十分相似，有专家认为二者来自同一母体。

末代伊朗国王的后冕，中间那粒是 60 克拉的浅粉红色名钻"眼之光"，周围镶有 323 粒透明彩钻

46 制匙者之钻（Spoonmaker） 梨形 86 克拉

中间这粒梨形名钻，重86克拉，其周围以两列细钻衬托之

这粒名钻，今天由土耳其伊斯坦布尔多普卡帕（Topkapi）博物馆收藏着。

早年由一名渔民在垃圾堆中发现，最初他以为是一块玻璃。后来一位制匙者以三只匙子与之交换。制匙者又将它卖给一名金匠，后者将这一块饰物示于其同僚认证，经过一番研讨和争论，同僚表示它是一件钻石饰品，并要求追讨他应取得的利益。最后，此石由总金匠以500皮阿斯特买下。不久多普卡帕宫的苏丹王听到这个消息，召见这名总金匠，随后以高价买下。今作为多普卡帕宫的镇宫之宝。

47 佛罗伦萨钻（Florentine） 淡黄色 双玫瑰形 137.27 克拉

这粒名气响当当的著名巨钻，又被称为"托斯卡纳（Tuscan）"钻和"奥地利黄"。

自信又勇敢的查理（Charles）是法国东部勃艮第的公爵（1433～1477）。这一位中世纪的英雄，将其平生的精力用于清除强敌并建立独立的王国。1470年起他拥有自己的钻石切割工匠，并拥有三粒完

137.27 克拉的佛罗伦萨钻

美的巨钻，其中一粒三角形者送给法国国王路易十一（Louis XI），另一粒则送给教皇西斯科特四世（Sixtus IV），而留给自己的就是这粒佛罗伦萨钻。公爵将它镶在戒指上，并将它称作"基督徒的巨钻"。主人每次出征时必将心爱的钻石群带在身边，他自信钻石必给自己神秘的力量。但在1477年的南锡（Nancy）战役中，他被瑞士打败惨死沙场，所有钻石被士兵偷走。

之后这粒钻石经多次转手，最后落在意大利佛罗伦萨一个最具势力的家族的成员梅迪西斯（Medicis）手中，后由托斯卡纳（Tuscany）的大公爵拥有。1657年法国钻石商塔韦尼耶旅行该地时，曾见过这粒巨钻，并画出其外观，证实它是一粒双玫瑰形、具有126个小刻面的淡黄色美钻，由上向下视可见到九星状。

奥地利皇帝弗兰西斯一世加冕时，其皇冠以佛罗伦萨钻为主角

1743 年，此钻成为奥地利皇室皇冠的瑰宝。1918 年，奥地利哈布斯堡帝国崩溃，两年后此钻被偷，至今不知其踪迹。

48 孔德钻（Condé） 粉红色 梨形 9.01 克拉

这粒粉红色钻，重量是 9.01 克拉，其边缘部分有点缺陷。由于它是法国王室的收藏品并具历史价值，故其名气甚大。其名称来自拥有者的名字，这位拥有者是法国波旁王朝的孔德（Condé）王子。

这位不平凡的亲王，17 岁时已是勃艮第地区的总督，后来在欧洲"三十年战争"中起着极重要的角色，例如 1643 年打败西班

法国波旁王朝孔德亲王

梨形的孔德钻

牙，1645 年又打败巴伐利亚等。

法国路易八世将这粒王室名钻赠给孔德亲王，作为对他为法兰西打败其他强敌的奖励。孔德王子去世后，他的后代保存这粒名钻，直到 1886 年，其继承者才将这粒钻石赠送给法国尚蒂伊（Chantilly）之孔德博物馆收藏。

49 贺天使亚钻（Hertensia） 淡粉红 五角形 20 克拉

法兰西王室珠宝之一，但它不是由法国国王路易十四自塔韦尼耶处购买而来的。

1791 年，在法国王室珠宝的清单上，这粒钻石的价值是 48 000 里弗，因为它的底座略有裂纹而影响其价值。

这粒钻石于 1792 年在巴黎王宫中和王室其他的珠宝一起被偷，一年后在巴黎 Les Halles 区一座旧楼的顶层被寻回，一名叫德佩隆（Depeyron）的贼人坦白他将王室珠宝和其他饰物收藏在一个袋子中，这个袋中的钻石还有勒让钻（Regent）等著名钻石。

拿破仑当上法国皇帝后，曾将这粒 20 克拉的钻石镶在肩章上，他和约瑟芬所生的女儿贺天使亚（Hertensia）亦曾佩戴过此钻，后来此钻之名称改成"贺天使亚钻"。

1830 年此钻被偷，幸好很快寻回。1856 年此钻由欧仁妮皇后拥有。1887 年，法国王室珠宝大部分出卖，但此钻因具历史价值被留下，现由巴黎卢浮宫收藏。

贺天使亚钻外观

50 玛丽·安东妮蒂蓝钻（Marie Autoinette）

蓝色　心形　5.4 克拉

法兰西王后玛丽·安东妮蒂（Marie Autoinette）生于 1755 年，她是奥地利玛丽亚·特雷西亚（Maria Theresa）和弗兰西斯一世（Francis Ⅰ）两人所生的第四位公主。这位公主于 1770 年嫁给法国国王路易十六为后。公主出身高贵，自幼集宠爱于一身，当了法国王后以后，夫妻两人只懂享受奢侈生活，不理百姓于水火之中。当法国发生大饥荒时，百姓缺面包充饥，她竟然讲出"没有面包吃，为什么不吃蛋糕"这一大笑话。

王后刚嫁到法国，自己掏钱在巴黎购买一粒重 5.46 克拉的蓝色心形钻来作戒指。这一钻戒应是私人的财产，并不是法国王室的珠宝财产。1793 年 10 月 16 日她被推上断头台处决前，已将此钻送给好友卢博尼亚丝卡（Lubonirska），后者是波兰人，在法国大革命后她将宝贵的珠宝和家当全部运回波兰。在她死后，这一蓝钻由其女儿们保管。

1892 ~ 1900 年此钻在巴黎展示，被称作"玛丽·安东妮蒂蓝钻"，其名气和历史都吸引无数的好奇者来观赏。最后于 1983 年 5 月 12 日在日内瓦拍卖会出现。

玛丽·安东妮蒂蓝色心形钻

51 温苏埃心形蓝钻（Unzue Heart）　蓝色　心形　31.00 克拉

这粒蓝色心形钻，其来历并无资料可找寻，只知它于 1909 年在法国切割打磨。

这粒名蓝钻一度由法国皇后欧仁妮所拥有，故它又被称是"欧仁妮蓝钻"。1910 年，著名珠宝商卡地亚购入再装配后，由南美阿根廷一位姓温苏埃（Unzue）的富豪买入。他在 1953 年再转卖给一位珠宝商，后者以 300 000 美元收购之。

温苏埃心形蓝钻其色罕有，不亚于希望蓝钻，乃是世上名贵的心形彩钻

1959 年，这粒美钻落在著名珠宝商哈里·温斯顿手中，他把此钻镶在一枚戒指上，再转卖给一位麦片大王的太太。最后，她将此钻长期地交托美国宝石博物馆收藏。

52 葡萄牙之镜（Mirror of Portugae） 桌面形 21.15 克拉

此钻在 16 世纪初已是葡萄牙王室的宝贵收藏品。1580 年葡萄牙国王亨利（Henry）驾崩，其侄安东尼奥（Autonio）自称为王。但西班牙国王腓力二世不承认其王位，于是挥军进入葡萄牙，并将安东尼奥驱赶出境。后者逃往伦敦，并随身带走王室珠宝，当然那粒国宝"葡萄牙之镜"亦包括在其中。这粒 30 克拉的美钻，英国女王伊丽莎白一世十分喜爱，但拥有条件是帮安东尼奥夺回王位。于是女王派一支舰队在里斯本附近上岸，但最后失败。安东尼奥失意，于 1595 年离世。

1625 年，英王查理一世和玛丽亚（Henriette Maria）结婚，后者是法兰西亨利四世和玛丽·德梅迪西斯（Marie De Medici）两人的女儿。英国查理一世统治英伦时，因要对抗国会的反对势力并面临内战，处境极差又缺资金，于是他的忠心的王后远赴荷兰，将英王室部分珠宝出卖。她将这粒名钻卖给一名富商卡迪纳尔·马萨林（Cardinal Mazarin）。1661 年，这位拥有者死时，将他一生收藏的十多件名钻饰全部捐送给法国王室。

玛丽亚王后的后冠，她是英国查理一世的妻子。那粒世上名钻桑西就镶在后冠的中央，其下是那粒葡萄牙之镜钻。后冠周围分布着无数的巨型珍珠

此钻曾经两次再切割，其重由 30 克拉减至 21.15 克拉。1792 年 9 月 16 日，此钻在王宫神秘失踪，从此未见出现。

53 北极星之钻（Polar Star） 矩形 41.26 克拉

这粒已切割的饰钻，雪亮光彩，由上向下看，呈现出一八角星形图案，传为神奇。

重 41.26 克拉的北极星之钻

这粒美钻和欧洲王室颇有关系。拿破仑的弟弟约瑟夫（Joseph）曾任西班牙国王，由于统治无能，最后退位。他带着这粒重 41.26 克拉的美钻远赴美国，将它出卖，过了将近 26 年的安稳生活。

这粒钻石后来的拥有者是

俄罗斯的一位身缠万贯的优素福（Youssoupov）公主。再说公主的儿子费利克斯（Felix）对当年左右俄国朝政的一名"猛人"有过节，打算除之，先灌毒酒，再枪杀之，还将尸体推入河中。他这一犯罪行为事发，只得带着此巨钻离开祖国。他在 1949 年经过关系，将此钻卖给一名荷兰富商亨利·德特丁（Henry Deterding），这名新的拥有者是壳牌石油公司（Shell Oil）的创始人，将此钻送给其太太莉迪娅（Lydia）。莉迪娅

俄罗斯王子费利克斯·优素福逃离国境时带着这粒北极星之钻

死后，此钻再被拍卖，最终被斯里兰卡一名富豪拉齐恩·萨利赫（Razeen Salih）以 4 651 162 美元收购。

54 东方之星（Star of East） 梨形 94.80 克拉

伊娃琳·麦克莱恩（Evalyn Mclean）小姐是一位富家女，十分豪爽，视珠宝如生命。她本人有无数的珠宝，于 1908 年结婚后，曾经同时拥有希望蓝钻（Hope）、麦克莱恩钻（Mclean）和这粒东方之星钻。她平生对土耳其苏丹阿卜杜勒·哈米德二世（Abdül Hmlid II）的珠宝有特别的嗜好。

她和富豪丈夫在巴黎时，于著名珠宝商卡地亚处看到一粒重 94.80 克拉、呈梨形的钻石，它和另一粒珍珠和一粒 34 克拉的祖母绿组成一条项链，她如触了电一样无法控制自己，当即完成交易，并由丈夫付款。

麦克莱恩有许多珠宝伴她 40 年之久，这些昂贵的首饰也在当

麦克莱恩这位美丽而富有的小姐，同时拥有希望蓝钻和一粒重94.80克拉的"东方之星"

94.80克拉的钻坠、34克拉的祖母绿和一粒巨珠组成一条项链，这曾是麦克莱恩的心爱之物

铺中进进出出。她离世后，这大批珠宝被哈里·温斯顿买下并作公开展览。

1951年，这粒"东方之星"卖给埃及国王法鲁克（Farouk）。哪知这位国王很快下台，钻石卖出收不了钱，最后经多次交涉才由政府退回。

55 麦克莱恩之钻（Mclean） 垫形 31.26克拉

出身富豪门第的千金小姐伊娃琳·麦克莱恩，曾在华盛顿和法国接受教育，她来世上时口含金钥匙，并视珠宝如生命。她的

一生，在希望蓝钻的经历已有介绍，因为这位富婆一生中曾经拥有世上四大名钻，包括希望蓝钻、东方之星（Star of the East）、南方之星（Star of south）和麦克莱恩之钻（Mclean）。这粒以她名字命名的美钻，重31.26克拉，其之所以著名，和拥有人的名气有关。

重 31.26 克拉的麦克莱恩之钻

可能因为财富与珠宝来得太容易，伊娃琳·麦克莱恩不善理财，丈夫酗酒，子女都因车祸和服药过量而丧生。她时时出入当铺，将数百件珠宝抵押，临终前只留下74件，其中包括希望蓝钻、东方之星、南方之星以及麦克莱恩之钻。1949年，哈里·温斯顿购入她的全部首饰，并展出供公众参观，1959年又将这粒麦克莱恩之钻卖给温莎公爵夫人。

温莎公爵原是英王爱德华八世，但他"不爱江山爱美人"，放弃王位，并为她买下这粒钻石。1986年，温莎夫人去世，她一生的珠宝都在日内瓦拍卖。在拍卖会上，一名日本人以 2 700 000 美元的高价竞投收购此钻而去。

56 阿尔果德双钻（Arcots 双钻）

梨形（双钻） 31.01 克拉，18.8 克拉

英格兰汉诺威王朝统治者积聚着大量的私人珠宝。英王乔治三世（George Ⅲ世）的王后夏洛特（Charlott）也不例外。这位对钻石十分贪婪的王后，私人接受了许多钻石，其中最令人留意的，是 1777 年由印度马德拉斯城附近一个小镇阿尔果德（Arcot）镇之行政官进贡而来的 5 粒饰钻，献送而来的动机当然和政治要求有关。

41 克拉的绿色德累斯顿钻

这 5 粒闪光的饰钻，其中一粒卵状最大者，其重 38.60 克拉，王后用于颈链的主角，并以其他两粒较小的饰钻来衬托。5 粒中有 2 粒呈梨形者，其分别是 33.70 克拉和 23.65 克拉，王后用来作耳坠。这两粒梨状钻，后来被称是阿尔果德双钻。

1818 年王后死后，这对阿尔果德双钻曾是英王乔治四世加冕王冠的一部分，后来又成为威廉四世（William IV）的王后阿德莱德（Adelaide）头冕的一部分。

1837 年，英议会伯爵以 11 000 英镑买下这对阿尔果德双钻送给其妻子作生日礼物。于是阿尔果德双钻一直由这一家庭收藏着。

1930 年，一名巴黎珠宝商将此双钻镶在拥有者威斯敏斯特（Westminster）的冕状头饰上。此头饰上共有 1 421 粒小钻。

1959 年，钻石大王哈里·温斯顿向威斯敏斯特伯爵以 110 000 英镑收购此对阿尔果德双钻，并将双钻重新切割琢磨，使之闪耀出灿烂的光泽。阿尔果德双钻再加工后，其重分别为 31.01 克拉和 18.80 克拉。它们各自镶在戒指上，最终于 1959 年及 1960 年在美国售出。

57 绿色德累斯顿钻（Dresden Green）

绿色 梨形 41.00 克拉

1722 年，伦敦报纸记载，英国钻石商人马库斯·摩西（Marcus Moses）自印度带来一粒绿色钻石，由英王乔治一世约见，当时它被估价已值 10 万英镑。

这粒绿钻，是世上最大的绿色钻石，切磨后重 41 克拉。人们估计其原石应超过 100 克拉。

德国德累斯顿（Dresden）自 1806 年起已是萨克森帝国的首都。1743 年时在莱比锡一展览会中，由萨克森的选帝侯腓烈特二世以 150 000 美元买下这粒稀有又呈苹果绿的名钻。腓烈特二世以这粒罕有的绿色钻来作肩章。自 1743 年起至第二次世界大战这

这是德累斯顿皇宫中的展览厅，陈列了许多著名的珠宝。包括这粒绿色德累斯顿钻，可惜展厅在第二次世界大战时被战火毁灭

段时间中，这粒绿钻都收藏在德累斯顿堡垒的绿色圆塔的地下保险库中供公众参观。

第二次世界大战时，这粒名钻被俄罗斯士兵取去莫斯科，直到1958年才交回，而德累斯顿市政府则在被炸的德累斯顿堡垒原址上新建一座博物馆，代替绿色地下室，用来收藏德国的珠宝文物。

绿色德累斯顿钻的历史档案

58 马克西米兰皇帝之钻（Emperor Maximilian）

垫形钻　41.94 克拉

1859 年，奥地利皇帝马克西米兰（Maximilian）曾旅游巴西，

重 41.94 克拉的马克西米兰皇帝之钻

并在当地买下两粒饰钻，轻者 33 克拉，命名为"马克西米兰之钻"，切割成垫状，他送给比利时的公主夏洛特（Charlotte），这位公主后来成为他的皇后；重者 41.94 克拉，命名是"马克西米兰皇帝之钻"，同样呈垫形切割法，他留在自己身边。

1864 年，马克西米兰皇帝和皇后两人远赴墨西哥去当皇帝，由于他穷奢极欲，不体恤该国困境和民情，执政处处碰壁，于是夏洛特皇后返回欧洲去商讨对策。

1867 年，在墨西哥的马克西米兰皇帝因手下出卖，被军事裁判处以枪毙极刑。刑场之上，他用一个小布袋装上心爱的钻石，将它挂在胸前，然后接受处决。极刑前最令人意外的，是他向有关的处决者每人送上 1 盎司黄金。

当年墨西哥人尚算顾情义，将他放在小袋子中那粒 41.94 克拉的钻石送去欧洲交给他的妻子夏洛特。这位不幸的皇后经历巨变，唯一的儿子亦在暴力下丧生，于是她精神开始混乱，又要支付大量医药费，只得卖出她那心爱丈夫留下来的心头好。此钻经多次转让。

1946 年，一名纽约的珠宝商，以数百万美元买到那粒重 41.94 克拉的"马克西米兰皇帝之钻"，经过了 15 年的佩戴后，他才发现家中有内贼，就将所有的珍贵首饰，包括这粒名钻藏在家中的垃圾桶中，以为这

奥地利皇帝马克西米兰临刑前带着钻石同行

会万无一失。但是不知晓的工人将该桶垃圾放在垃圾车中。这名主人后来翻转了全纽约的垃圾堆，仍然找不到这批珠宝。这叫聪明反被聪明误。

1982 年 7 月，这粒钻石又在佳士得拍卖会中以 726 万美元卖出。重现原因不明。

59 荷兰王后之钻 （Queen of Holland） 垫形 135.92 克拉

这粒著名又贵气的钻石，于 1904 年在阿姆斯特丹的切割工场加工。成品呈垫状，重是 136.25 克拉。当时自南非有大量钻石来荷兰切割加工，故许多人以为这粒钻石来自南非。后来经过专家的鉴定才认为它来自印度，是一粒典型的戈尔孔达地区之钻石。

荷兰王后之钻重 135.92 克拉

此钻曾在欧洲许多大城市展出。在展出的年代中，荷兰是在王后威廉明娜（Wilhelmina）统治期间，故此钻以"荷兰王后之钻"来命名。

1930 年时，一名印度籍的年轻又富有的土邦主被这粒巨名钻所吸引，就将这粒心头好拥为己有。

1960 年时，国际性著名的珠宝公司卡地亚公司向这位土邦主的家属购买这粒巨钻，将它收藏在伦敦的分店中。1978 年在纽约的商人威廉·戈德堡（William Goldberg）向卡地亚公司买下此钻，并将它再琢磨至 135.92 克拉，然后以 7 000 000 美元再卖出。

60 奥尔洛夫钻 （Orlov） 玫瑰形 189.02 克拉

传说 17 世纪时在印度南部的迈索尔（Mysore）地区，一座印度神庙中一座神像毗湿奴（Vishnu）的一只眼睛被偷。事因当年一名在印度的法国逃兵有预谋地假扮一名印度教徒在神庙中暂当下级工作，后来升任为此神像的监管人。一个雷雨交加的黑夜，他偷偷潜入神庙，挖去神像的一只钻石眼睛。他太惊慌而不敢再偷另外的一只（后来听说这保留的一只是"光明之山"），逃跑到马德拉斯，将钻石以 2 000 英镑卖给一名英国船长。

该石辗转卖到阿姆斯特丹，最后由俄国伯爵奥尔洛夫（Gregory Orlov）以 90 000 英镑买下。

此钻大小和形状如鸡蛋一样，具有 180 个小刻面，其原生矿

镶在女沙皇权杖上的奥尔洛夫钻外观

俄罗斯伯爵奥尔洛夫，他拥戴皇后叶卡捷琳娜称帝，又以高价买来189.02克拉的巨钻送给这位女沙皇，但始终得不到爱情

石重787.50克拉。奥尔洛夫，这名沙皇时代的贵族军官，年轻时就寻机当上了尚未登基的彼得公爵和其妻子叶卡捷琳娜的近身护卫，暗恋上了这位未来的女沙皇。彼得当上沙皇后，奥尔洛夫等人发动政变，改拥叶卡婕琳娜为女皇，于是他被封为伯爵。当时女沙皇已有许多情人，尤其是年轻的军官波将金（Grigon Potemki）更得宠，奥尔洛夫只得出国去治疗感情的创伤。

后来奥尔洛夫在荷兰以巨款买下这粒玫瑰形巨钻，送给女皇想讨取女沙皇在感情上回心转意。无奈女沙皇留恋新欢，只将此钻镶在权杖上，而非作为贴身的首饰。但她将此钻命名为奥尔洛夫钻，以铭谢奥尔洛夫。为了进一步感谢奥尔洛夫的功绩和表示安慰，女沙皇更送给他一座大理石砌成的大屋。这位忠诚的公爵后来精神分裂，不久即离世而去。

61 亚斯贝钻（Ashberg）

黄色　垫形　102.48克拉

这粒巨型的黄色钻，早年是俄罗斯宫廷珠宝中的收藏品，其重是102.48克拉。

1934年，当时的苏联政府贸易部门出售这粒巨钻，由一名斯哥德尔摩的银行家亚斯贝（Ashberg）先

亚斯贝钻外观，它作为胸坠的主角

生买下。1949 年这粒名钻在荷兰的阿姆斯特丹展出，它当时被设计成项链的胸坠，其周围以钻石和其他宝石来衬托。

十年后，此钻在斯哥德尔摩的布科夫斯基（Bukowski）拍卖会上出现，但因叫卖时低于底价而被收回。

后来于 1981 年 5 月，在日内瓦的佳士得拍卖会上，又再次拍卖失败而收回。

62 阿肯色州之星（Star of Arkansas） 橄榄核形 8.27 克拉

19 世纪末，在美国阿肯色州默尔图莱马里亚姆（Murfreesboro）地区有一名机警的农夫，名字是约翰·韦斯利·赫德尔斯顿（John Wesley Huddleston）。他经常在农田上发现会发光的小石。有天清晨，他决定单身在田野上走走碰运气，搜查田地上的蛛丝马迹，只发现了一粒会发光的石头。后来他发现邻居农地上出现了更多的透明石子，和其地主商量后，他以 1 000 美元购下这 73 公顷的土地，并以两只动物作为定金。

隔天他带着拾到的两块石头入城，到城中银行的柜台询问出纳员它值多少钱。得到的回答是"50 仙"！但充满信心的他，一直要证实自己的眼光，最后取得宝石专家和蒂凡尼公司负责人的证实，这是两粒如假包换的高质量钻石，其重分别是 2.75 克拉和 1.35 克拉。而他新买下的这一农田，是金伯利钻石矿管状岩的出口处。

后来这位幸运的农民，经过多次的讨价还价，最后以 36 000 美元将此矿区卖给联合信托公司。经多次辗转出卖，拥有人是奥斯汀·米勒（Austin Millar）。此矿区经数年试产，但遭受连串神秘火灾，总共损失 250 000 美元，且不可重建。

1955 年 3 月 4 日，一名来

8.27 克拉的阿肯色州之星

自达拉斯的女性幸运儿在污泥中找到一粒重 15.33 克拉的原石，它无色完美，尺寸是 38.1 毫米 ×11.1 毫米 ×6.3 毫米。

纽约切割专家将之加工为 8.27 克拉呈橄榄核状的饰钻。其被称作"阿肯色州之星"，是因它产自美国阿肯色州，重量虽不大，但亦被认为是名钻。最后由私人收藏家以 50 000 美元收购。

63 山姆大叔钻（Uncle Sam） 祖母绿型 12.42 克拉

这粒名为山姆大叔之钻（Uncle Sam）的钻石，是在美国本土发现的最大一粒钻石，因此而著名于世。

1924 年，在美国的默尔图莱马里亚姆（Murfreesboro）地区发现一粒重 40.23 克拉的原

山姆大叔之钻

石，最后切割成为 12.42 克拉的钻石。今天其拥有者是纽约第五街珠宝商佩金（Peikin）。

64 李蒂尼钻（Deepdene） 黄金色 垫形 104.53 克拉

这粒透明、黄金色的饰钻，色泽绝佳，其来历不详。

李蒂尼钻闪亮的黄金色外观

这粒钻石的拥有者博克（Bok）曾将它借给美国费城的科学馆作展览之用。

1954 年，美国珠宝大王哈里·温斯顿自博克手中买下此钻，将之抛光，镶在一饰针上，其周围由共重 18 克拉的 13 粒钻石来衬托。之后它由埃

莉诺·洛德（Eleanor Loder）夫人买去。

1971 年在日内瓦的佳士得拍卖会上出现了一粒类似的、呈黄金色、重 104.52 克拉的钻石，专家认为就是李蒂尼钻再现，之后由巴黎一富豪以 190 000 英镑购去。伦敦和瑞士的宝石专家认为此钻曾经过高温热处理，但仍属于天然钻石的范畴。

65 德扬粉色钻（De Young Pink）

粉红色　梨形　2.9 克拉

这粒产于坦桑尼亚的重仅 2.9 克拉的粉红色钻之所以著名于世，是由于其颜色抢眼兼罕有，它是富豪们梦想得到的美钻。此钻主人悉尼·德扬（Sydney De Young）先生和夫人，在 1962 年将此名钻捐给美国宝石博物馆。

罕有又粉红色极佳的德扬钻，其价值在港币一千万元以上

66 泰勒－伯顿钻（Taylor-Borton）梨形　68.09 克拉

1966 年，在南非著名的普雷米尔钻石矿发现了一颗重为240.80 克拉的原石。此石由美国大珠宝商哈里·温斯顿所买，由他的首席切割专家以极大的技巧将它一劈为二，其中那件小块用来琢磨成泰勒－伯顿之钻，而那件大块则作其他用途。泰勒－伯顿之钻后来切割成 69.42 克拉的梨形钻。

温斯顿在 1967 年将它卖给一名美国的女富豪。女富豪时恐巨钻被盗，且要付出每年 3 万美元的保险费，于是在 1969 年 10 月，将这粒钻石公开拍卖。最后，由伊丽莎白·泰勒的第五任丈夫理查德·伯顿所买，其价格应在百万美元以上。之后这美钻作公开展览，每天的观众达万人，许多参观者都是《埃及艳后》这一影

片的仰慕者，特来捧场。

由于伯顿酗酒成性，两人最终又离婚，泰勒于是宣布拍卖此钻。后来纽约珠宝商人亨利·兰贝特（Henry Lambert）以 500 万美元将它买下，再转卖给沙特阿拉伯的一名酋长。

泰勒拥有此钻石时保养不佳，磨花表面，新主人将它打磨，损失去 1.33 克拉，现为 68.09 克拉。

泰勒佩戴此钻的外观

67 克虏伯钻（Krupp） 八方形钻 33.19 克拉

这粒名钻以前的主人是维拉·克虏伯（Vera Krupp）。他是一个著名的将军，20 世纪时曾在战场上屠杀无数的犹太人。1960 年，于拍卖会上泰勒表示要拥有此钻，因为她是犹太人，对克虏伯将军充满怨恨，表示只有拥有它才可出口气。

泰勒手指上那粒 33.19 克拉的克虏伯钻，为犹太人争了一口气

68　不伦瑞克蓝钻（Brunswick Blue）外形不详　7 克拉

这是一粒神秘有趣的历史性钻石，其著名与其主人的背景和性格有关。

不伦瑞克公爵像

这位主人是 18 世纪时法国不伦瑞克（Brunswick）的公爵查理。他原是一名不得人心、不受欢迎的统治者，又是一名热狂于收藏钻石的富豪，也是一名举止异常的怪人。

他怕家中收藏的钻石被窃贼光顾，因为这些珠宝当时已值 500 000 英镑，也怕 1792 年 9 月法国王室的珠宝被窃案重现，于是对家中珠宝的保安措施伤尽脑筋。他把住宅四边的围墙建得又高又厚，更加设警钟系统来防止夜贼光临。宅内的睡房只设一小铁窗，以粗铁杆加固。房中一面特设的墙壁，安装着放置珠宝的夹层，自己的睡床就安置在这面墙的前方，睡床周围有机关，以 12 把左轮枪严防着，厅和房间的门全以铁质材料制成，栓和锁需有暗号才可启动。

这位视钻石如命的公爵一生中极少外出社交活动，过着刻板的生活，直到 1873 年死后，其珠宝才由继承人逐步在日内瓦拍卖会上出售。

在不伦瑞克公爵拥有的钻石群中，较为著名的钻石有一粒重约 30 克拉黄色的"不伦瑞克黄钻（Brunswick Yellow）"。另外一粒就是这粒身份和来历都充满神秘的"不伦瑞克蓝钻"，其具体的外形不详，但色泽和希望蓝钻十分相似，都呈深蓝色。在 1898 年已有专家认为它来自"法兰西蓝（French Blue）"这粒重 69.03 克拉蓝钻的母体，经专家分析"法兰西蓝"经再切割后，最大一粒是"希望蓝钻"，再有一粒是重约 7 克拉的"不伦瑞克蓝钻"钻，还有一粒重 10 克拉的"皮里钻"（Pirie）。

第七章

钻石风云人物

1 "钻石之父" 塔韦尼耶

巴蒂斯特·塔韦尼耶于 1605 年生于巴黎，父亲是个新教徒，亦是地图商。他自小就喜欢冒险。他一生的经历令人难以置信。在 1631 年至 1668 年间，他来往于欧洲和印度及波斯之间达六次之多。他做宝石买卖的行商生意使他发了一大笔横财，他在东方猎取到许多不平凡的宝石和钻石，将最珍贵者转卖给法国太阳王路易十四，获得了封官进爵和宫廷御用珠宝商的地位。这与他在印度学会了许多宝石和钻石的知识有关，他的学问使他足够担任钻石鉴定师的鼻祖。

塔韦尼耶亲眼在德里的莫卧儿皇宫中见到皇室的宝石和钻石，他在他的《印度之旅》中写道："1665 年 11 月的一天，我来到德里城莫卧儿皇宫向国王奥朗则布辞行。当时他对我说：既然你已经看到了宫廷盛大的庆典，何不再看看我收藏的珠宝，然后再辞别亦未迟。于是第二天，皇帝派来了多名官员来到我的住处，言明国王召请我入宫。到达皇宫后，先在皇帝面前行礼，之后被带进正殿一侧的小房中，当时掌管珠宝的大臣正在房间中，见到我来，立即起身迎接，吩咐侍奉皇帝的四名太监去取珠宝出来。端出来的珠宝盛在两只贴着金箔的大木盘中，其上部盖着天鹅绒的小毯子，毯子上刺绣有红和绿的图案。太监们揭开毯子

穿着波斯服装的冒险家和钻石商人塔韦尼耶

后，将其中所有的宝石详细点数了三遍，并由在场的三名记录官填满了一张单子。"

"印度人做事都十分谨慎耐心，见到别人匆忙处事、气急败坏时，他们会默默地观察，就像在嘲笑。"

"掌管珠宝大臣最先取出一块大钻石放在我手上，它呈现圆形玫瑰花状，它的水色极佳，重 319.5 拉第（合 280 克拉）。"

塔韦尼耶到过印度戈尔孔达地区传奇般似的钻石矿，他在那片神秘的土地上选购珍贵的钻石。如今这地带只剩下一座断壁残垣的城堡，但那时是苏丹和土邦主们的宫殿府第，人们在堡中买卖亚洲最珍贵的钻石。当地的土邦主和王子们在钻石矿上发号施令，独吞巨型的钻石，并禁止过量开矿，以免邻近地区眼红。在1678 年时，他介绍说戈尔孔达已有 23 个钻石矿，它们多数是由于播种小麦才偶然发现的，多数钻石重量在 25 克拉左右。消息一传开，许多钻石商人急不可待地跑来这些矿区。塔韦尼耶透露，这块土地有许多 10 ～ 40 克拉的钻石原石被发现。

塔韦尼耶又提及，16 世纪起，印度钻石的开采不只限于冲积层和河床，而且已在岩层中进行，在地下亦进行开采，但是工具十分简陋。有些采钻井，挖深 20 米也可找到钻石，但矿工急功近利，

这一地区是印度的戈尔孔达堡的原址，今天已荒无人烟，但数百年前它是印度盛产钻石矿区，曾有 6 万人在此采掘钻石

古代印度钻石商人进行交易时多用手语

往往只采挖数米或至 6 米的深度就放弃。塔韦尼耶又提及,戈尔孔达一带,共有 60 000 名挖钻工在进行淘钻作业。辛苦的活儿由男性承担,妇女和小孩负责运输泥石到溪流处去冲水除污和筛选钻石,无论男女老少,都要在监工的鞭打下辛苦地工作。

塔韦尼耶是位宝石鉴定家,又通晓多国语言。这位不知疲倦的旅行家足迹遍布欧洲。他更是一位出色的商人,竟能利用仅值数个钱的意大利首饰,在印度换取价值连城的钻石,而且还使印度人对这些小饰品爱不释手。他的成功在于他善于融入异国文化。

1669 年,他第六次到印度旅行,曾到德里莫卧儿皇宫参加奥朗则布的宴会,并接受其邀请观赏莫卧儿皇帝的宝钻珍物和其切割工场,更参观了莫卧儿皇室的"孔雀宝座"。他向这位皇帝买了许多宝石珍品后,历尽风险,经过荒凉的沙漠和怒海,避过海盗的围堵,最后幸运地到达巴黎,并能说会道地说服路易十四买下许多钻石珍品,包括 44 粒巨钻和 1 100 粒中等大小的钻石,这是国王以私人名义买下的。后来路易十四再以国家的名义分别买下

109粒10克拉的钻石及273粒重量在5克拉到10克拉之间的钻石。

由此可见，他在法国国王手中赢来不少黄金、法郎、封地和赏衔。

塔韦尼耶在印度经商时，其随从起码有60个人。塔韦尼耶是历史上最早跨越洲际经营珠宝的商人和冒险家，是全球早年最权威的"钻石之父"。

塔韦尼耶年老时身家由其儿子挥霍败落，听说后来他在印度被野狼群撕裂分尸。

2 当过南非总理的塞西尔·约翰·罗兹

塞西尔·约翰·罗兹（Cecil John Rhodes）（1853 ～ 1902）是戴比尔斯钻石合并矿场的创办人，对非洲历史和世界钻石行业都有重大影响。

塞西尔·约翰·罗兹（1853 ～ 1902）

罗兹生在英国，是一个牧师的第五个儿子。他17岁时因体弱而移居气候适宜的南非开普敦，他的兄长已经在那里建立了一个棉花农场，兄弟俩以种植棉花为生。后因"淘钻潮"，兄弟两人到金伯利矿区去圆发财梦。

罗兹买下了一个淘钻的"权利区"，并出卖雪糕和冰水给淘钻者，到19岁时，他已经积蓄了一笔钱。但不幸心脏病发作，使他的健康大受影响。工作之余，他还来往于英国和南非之间，进修读书，最终取得牛津大学法学士资格。

起初，政府只允许每个人购买两个权利区（每个约30平方英尺，约合2.8平方米），政府对权利区的数目限制逐渐放宽直至取消。1876～1880年，他眼光独到，除出租水泵外，不断购入权利区，又与不愿卖断权利区的人合伙经营，最终以大股东身份成立戴比尔斯矿业公司，他取得权利区的完全控制权。

罗兹身高体弱，资质过人，冷静果断，深懂钻石经营之道和管理控制钻石产量的商业知识，尤其深信在黄土下面再下层的蓝土中含有更多的钻石。

他知道要适应全世界的钻石需求，便要集中钻石的供应在一地，这样可稳定钻石的价格，是一个肯定"不会亏本"的生意，也可以给消费者足够的信心去购买钻石。他也意识到，要供应全世界的需求，钻石产量必须受到控制，除了他自己的矿场要控制产量，也要其他矿场的支持。所以他邀请知名的开矿者加入。

有一个"一桶钻石"的故事颇能说明他的经营才能。一次，他邀请钻石商们到其会客室观看共重22万克拉的钻石。这些钻石已分级完毕，为160"手"。在钻石商纷纷购买时，他解释说他看好未来的钻石价格，劝各位不要在短期内转卖，因为他不想大量钻石一起流入市场，降低价格。商人们议论纷纷，并不同意他的见解。突然，他将桌子的一头抬高，使所有钻石如水一般倾泻而下，流进隐藏在另一角的水桶中。大家目瞪口呆，不知他是何用意。他从容解释道，他只是想看看一桶钻石的壮观，因为他从未见过如此伟大的场面。对这一桶钻石要重新分级，至少还需要6个星期，于是货品被迫较迟些时才进入市场。而这时，钻石价格已经上涨，大家的获利都增加了。

他不仅在钻石行业上叱咤风云，在政治上也颇有建树。他在28岁时已是开普敦的议员，37岁已升为总理，深得民心。1896年，南非政变，他自动请辞，之后周游欧洲和埃及，提倡电讯及铁路的发展。

他在49岁时去世，将大部分财产留给牛津大学作奖学金的用途，可谓能聚会散。

3 金伯利矿大股东巴尼·巴尔诺托

巴尼·巴尔诺托（Barney Barnato），南非金伯利钻石矿大股东。他原是精力饱满的拳师，身材短小，豪放又冷静，文化程度低但做生意机智。18 岁时就在金伯利矿呼风唤雨。当掘矿者发觉黄土层的钻石都已被掘清，纷纷放弃金伯利矿的权利区时，他眼光犀利，收购了矿场不少权利区，他相信在黄土下的蓝色岩土中埋藏着更多的钻石。

巴尔诺托比塞西尔·约翰·罗兹小一岁，后者担任戴比尔斯

巴尼·巴尔诺托

理事会主席时，巴尔诺托也是金伯利矿的大股东，两人都是身家丰厚的钻石大亨。后来罗兹和巴尔诺托两位风云人物虽然经过暂时的合作，但一山容不下二虎，两人最终分道扬镳。

虽然他体格强健，但因工作压力过大，长期处于紧张状态下，心理渐趋不正常，竟在 44 岁时，在返回英国的船上跳海身亡。

4 拥有 34 家企业的欧内斯特·奥本海默

欧内斯特·奥本海默（1880～1957）出生于德国的法兰克福，父亲是一位犹太籍的烟草商。他 16 岁时移居伦敦，进了一家工厂做钻石分级的工作。22 岁时加入了英国籍，到达南非，负责监督戴比尔斯公司的购买钻石工作。1906 年结婚，成为南非公民。1908 年被选为金伯利市政局委员，1912 年成为市长，之后又进入南非国会。在他的政治生涯中，他拥护开矿事业和钻石出产的控

制，提倡增加黑人的工作机会。

正当其事业达到高峰时，第一次世界大战爆发了。他的德国背景给他带来了麻烦，车子被人捣破，家人受到恐吓，最后只好返回伦敦避难。

1917年，他返回南非，还得到了大财主摩根的资助，设立英美公司开发金矿，控制金

欧内斯特·奥本海默，南非戴比尔斯公司董事会主席

价。他预计钻石在世界上的重要性将大大增加，在1919年控制了西南非钻石矿，并经其英美公司组成钻石综合矿。1925年，他建立一个企业财团，专门帮助戴比尔斯公司出售钻石。

想不到的是，当时因世界经济空前的不景气，钻石市场面临全面崩溃，极少人去购买钻石。他组成钻石联营社，买入市场上无人问津的钻石。到1935年，他手上有大量滞销的钻石，面临破产。他急中生智，想出一套极有效的宣传方法，用"钻石恒久论"的口号，确立钻石代表永恒爱情的形象，将整个形势扭转。

欧内斯特死于77岁，死时共有34家企业公司，他将黄金和钻石的生产和售卖合并，使这二者的市场供应和价格稳定。

他的儿子哈里（Harry）继续他的事业，他的孙子尼基（Nicky）在取得牛津大学文学硕士学位后，入职英美公司做助理，1998年成为戴比尔斯公司的主席。尼基的独子乔纳森（Jonathan）继承第四代钻石事业，任戴比尔斯联营矿的行政总监。

5 美国纽约金融大王"钻石吉姆"

他的全名是詹姆斯·布坎南·布雷迪（James Buchanan Brady），生于1856年。出身穷苦家庭，无学历，只能当杂务工，送报纸、

体型如牛的钻石吉姆收藏着2万粒以上的钻石

做苦力和做门童。由于他机灵，口才了得又懂得顾客的心理，于是在"推销"职业这一行业赢取了第一桶金。

之后他在金融业方面大展拳脚，取得非凡的成就。

他生平最大的爱好就是"钻石"和"美食"，几乎达到疯狂的程度。

"钻石吉姆"本人在当年拥有数百万美元的珠宝，单钻石就有两万粒以上，平时他共有200多套西装，衬衣和西服的袖口纽和领带的饰物全由钻石制成，钻石戒指起码是30克拉以上，同时也有数百款来轮流使用。其作风似乎是：要赚钱，必须以钱来滚钱，令自己看来就像钱。

"钻石吉姆"的另一嗜好就是视美食如命，同时十分讲究，且多在著名餐厅享受美食，他对高胆固醇的海鲜和肉类最感兴趣。他的晚餐食量最为惊人，平均统计有：2只鸭，7只龙虾，6只巨蟹，

钻石吉姆华贵的钻石首饰一小部分，右是他领带的钻石别针，左是一对裤带的钻石装饰扣，当年价值是2 000 000美元

24 只蚝，2 块猪排，2 磅巧克力糖或其他果糖，蛋糕和蔬菜等，进餐时间需 2 小时以上。

　　由于无节制的饮食，"钻石吉姆"到年老时受到百病侵袭，尤其是高血压、糖尿病、冠心病、胆结石、睾丸阻塞、尿道炎和肾衰竭等，并做过多次手术，于 1917 年离世。

6 "帝王的珠宝商"卡地亚

　　创立于 1847 年的卡地亚公司，自尼沃克克（Nieuwerkerke）伯爵夫人进入路易斯·弗朗索瓦（Louis Francois）的珠宝店起，卡地亚公司便与许多王室成员结下了不解之缘，其创新的设计和精湛的工艺受到王室成员的重视和喜爱。

路易斯·卡地亚，卡地亚珠宝公司的创始人（1819 ~ 1904）

英国王储威尔斯亲王，即后来的爱德华七世曾盛赞公司为"帝王的珠宝商，珠宝商的帝王"。他于 1902 年加冕时，向卡地亚公司订购了 27 顶王冠，更于两年后将英国王室第一等委任状颁发给卡地亚公司。此先河一开，其他王室如西班牙、葡萄牙、俄罗斯、比利时、意大利、塞尔维亚、罗马尼亚、暹罗、希腊、埃及和阿尔巴尼亚等，甚至奥尔良公爵及摩洛哥王子也相继颁发委任状予卡地亚公司，其"帝王的珠宝商"之地位可说是无人能及。

作为王室御用珠宝匠，卡地亚公司自然制作过无数的经典头冠，20 世纪初以花环和叶形设计最受欢迎，如比利时王后的花环形钻冠便是经典之作。对王室而言，头冠是其身份、地位的象征，而随着时代的演进，头冠亦成为上流社会的标志，不少富商豪们亦争相定制头冠，蔚为风尚。

要论王室的爱情故事，温莎公爵（前英王爱德华八世）与辛普森夫人之间的事迹最让人津津乐道。1936 年温莎公爵决心放弃王位的时候，向卡地亚公司订购了一枚铂金加黄金，镶有红、蓝宝石的戒指，送予未来的妻子。而卡地亚公司闻名于世的"猎豹"设计，亦是由温莎公爵夫人正式发扬光大。由让娜·图桑（Jeanne Toussaint）为其设计和制作的蓝宝石豹形胸针，便是最佳见证。

摩洛哥王妃格蕾丝·凯利（Grace Kelly）同样是卡地亚公司的尊贵客户之一，1956 年王子雷尼尔三世向著名影星格蕾丝·凯利求婚时，亦是向卡地亚公司订购了一枚重 10.47 克拉、祖母绿型切割的钻石戒指。甚至在婚礼上，王妃的头冠及钻石首饰亦是由卡地亚公司特意为其制作。

⑦ 美国首屈一指的珠宝商蒂凡尼

1837 年，年仅 25 岁的查尔斯·路易斯·蒂凡尼（Charles Louis Tiffany）和约翰·B. 扬（John B Young）向蒂凡尼的父亲借了 1 000 美元，在纽约开设了一所文具精品店。在这个迅速发展

查尔斯·路易斯·蒂凡尼（右一），19世纪时美国蒂凡尼珠宝店的店主

的大都会，两人抓住机遇，在1848年从逃避法国政府的贵族手中购入一批珠宝，标志着贵重宝石在美国首次亮相。这批珠宝奠定蒂凡尼公司成为美国首屈一指珠宝店的地位，也为蒂凡尼赢得"钻石之王"（King of Diamond）的美誉。

随着美国整体国力急促上升，蒂凡尼公司蓬勃发展，公司设计许多高级首饰，他们对黄色巨钻情有独钟。1867年举行的巴黎世界博览会上，蒂凡尼公司首次荣获国际认可，获颁银器大奖，同时成为首家夺得海外奖项的美国公司；1889年同一博览会中，蒂凡尼公司的展品被誉为"美国珠宝商中最卓越非凡的珠宝系列"。前所未有的声誉及殊荣令蒂凡尼公司成为欧洲王室、土耳其奥斯曼皇帝、俄罗斯沙皇及皇后的御用珠宝工匠及王室珠宝工匠。

闻名于世的蒂凡尼钻

　　自公司创业以来，不少来自美国上流社会的显赫人物都是蒂凡尼公司的常客。最特别的莫过于林肯总统曾订购一条珍珠项链给妻子玛丽；而罗斯福总统于1904年亦曾购买蒂凡尼订婚戒指赠予未婚妻。随后，蒂凡尼公司的陶瓷餐具进驻白宫，而蒂凡尼公司的珠宝首饰更成为全球女性配衬高雅服装的精品，当中包括肯尼迪总统夫人杰奎琳。

8 "20世纪的塔韦尼耶"哈里·温斯顿

　　有关哈里·温斯顿的传奇事迹应自1890年讲起。

　　1890年哈里·温斯顿的父亲雅各布·温斯顿（Jacob winston）

从欧洲移民到纽约，六年后，哈里·温斯顿出生了。之后他父亲在曼哈顿地区开了一家小型珠宝和腕表工场。他喜欢自己铸钟表，而且手艺精湛。

1908年，12岁的哈里，在一家当铺的橱窗里看到一堆平价的珠宝。他在那堆珠宝中挑出一枚哑色的戒指，上面镶着一颗绿色的宝石。当铺老板估计它的重量有0.25克拉，就将它以25美分卖给这个小孩。哈里将它带回家给父亲看，父亲一时说不出话来，原来那颗绿宝石竟然有2克拉重！于是两天后哈里就将它以800美元卖掉，可见，他从小对宝石的知识与见地，就已不同凡响。

1920年，24岁的哈里·温斯顿动用了他所有的积蓄——2万美元，在曼哈顿成立自己的第一家公司——普雷米尔钻石公司（The Premiere Diamond Company），凭着他天生优秀的商业手腕，对高品质钻石的独到眼光，以低价收购二手珠宝饰品，将宝石重新打磨，再配以当时最时髦的镶嵌法，制成崭新的首饰出售。汰旧换新的手法为他打开财路之余，亦很快打入了上流社会。

1932年，温斯顿已控制和掌握了全世界三分之一的钻石流通量，"钻石皇帝"的称号逐渐流传开来。能真正为他打开名号的还是他那对世界知名钻石的喜爱和锐觉。他有生之年曾收购及切割过世界多颗极著名的巨钻，其中包括重726克拉的积架钻原石及重970克拉的狮子山1号原石，最引人兴奋的是收购美国富婆伊娃琳·麦克莱恩收藏的全套钻石，包括最著名的希望蓝钻和东方之星。

数十年来，温斯顿的客户一直是知名人物和富豪，其中

哈里·温斯顿，20世纪时世上最著名的"钻石皇帝"，许多著名的巨钻之交易都由他来主持

较为著名的有英国女王伊丽莎白二世、埃及国王法鲁克、伊朗国王，以及戴安娜王妃、温莎公爵夫人等。

1978 年，温斯顿的儿子罗纳德（Ronald）继承父业。温斯顿公司除了经营珠宝外，也经营钟表，他们精湛的做表技术也备受推崇。

9 英国名牌克拉夫

克拉夫公司（Graff）在 1962 年由劳伦斯·克拉夫（Laurence Graff）在伦敦哈顿公园（Hatton Garden）开创，15 岁的克拉夫在这里当学徒，制造半宝石戒指。为了让戒指品质升级，他开始用小型钻石为材料，后来钻石愈用愈大。由于客户渐增，他带着自己的设计周游列国，争取订单，所造的珠宝益见贵重。英国政府留意到克拉夫公司的声望，于 1973 年颁赠他英国女王企业奖（Queen's Award for Enterprise）。克拉夫是第一位获此殊荣的珠宝商。

克拉夫于 1974 年在骑士桥开设了他第一家较具规模的零售店，接待来自世界各地的客户。这些年来，克拉夫经手过世界上最美最珍贵的宝石群，其代表作有：神像之眼（The Idol's Eye，70.21 克拉）、帕拉贡（The Paragon，137.82 克拉）、美国之星（The Star of America，100.57 克拉）等。以上一些美钻问世已数百年，经历过传奇和沧桑，近年由克拉夫公司再加工为名钻。

10 意式奢华的珠宝商巴尔加里

出身于希腊伊庇鲁斯（Epirus）一个小村落银匠家族的年轻人——索蒂里奥·巴尔加里（Sotirio Balgari），靠着制造珍贵的银器起家。1879 年，他移居意大利。最初，只是售卖自家铸造的银器。1884 年起，正式开设首家个人店铺。

其后 30 年至 50 年，巴尔加里开始为意大利的其他地区的尊贵客户设计珠宝，因而建立起制造高级珠宝之名。许多名人贵族，如希腊王后、西班牙公主及丹麦公主等都是其捧场客。

11 法国顶级品牌尚美

成立于 1780 年的法国顶级珠宝品牌尚美（Chaumet），发展历史和法国历史重叠交错。其打进王室的经过可说是一个传奇，在巴黎 Saint-Honore 街从事珠宝设计的年轻珠宝工匠玛丽·艾蒂安·尼托（Marie Etienne Nitot）曾经因为控制住一匹脱缰的马，保住拿破仑的安全，让当时担任法国首席执政官的拿破仑留下了深刻的印象。当拿破仑成为皇帝以后，为了表示感谢，便指派其为御用珠宝工匠。

玛丽·艾蒂安·尼托原来与玛丽·安东尼王后的御用珠宝工匠奥贝尔（Aubert）是合作伙伴，后来自己成立珠宝公司。1802 年，尼托将法国王冠上最美的一颗钻石——著名的 140 克拉的"摄政石"镶嵌在首席执政官的宝剑上。两年之后，又为拿破仑加冕典礼制作高级的皇帝御用宝剑。

第二代掌门让-巴蒂斯特·福辛（Jean-Baptiste Fossin）和他的儿子朱尔（Jules），从意大利文艺复兴时代到法国 18 世纪的装饰艺术中汲取灵感，设计出浪漫主义高峰的顶级珠宝。他们的作品风靡当时的顶层精英。

继福辛之后，莫雷尔（Morel）于 1848 年接任为首席珠宝设计师。他着手开发英国市场，于伦敦成立第一家分店。很快地，莫雷尔就成为维多利亚女王的珠宝师。他的客户包括拿破仑三世等王室贵族。

约瑟夫·尚美（Joseph Chaumet）娶了普罗斯珀·莫雷尔（Prosper Morel）的女儿，并于 1885 年取得公司管理权之后，成为"美丽年代"地位不可动摇的珠宝设计大师，以不凡的才华将公司推向另一高峰。他设计的珠宝兼具优美雅致与尊贵逼人的特质,吸引贵族争相定制。

今天,尚美公司秉持法国顶级珠宝工艺的传统,将公司隽永价值带进前卫摩登的时代。除了接受显赫的国际客户定制珠宝外,尚美公司重新开展顶级珠宝业务,塑造新的佩戴品味,故此就连法国前总统夫人布吕尼亦不时以尚美的钻饰闪耀国际舞台。